LE DRAINAGE

IMPRIMERIE CENTRALE DE NAPOLÉON CHAIX ET Cie.

MAURICE GERMA.

LE DRAINAGE

DRAINAGE HORIZONTAL OU A TUYAUX.

SYSTÈME KEITHORPE.

DRAINAGE VERTICAL OU PAR PERFORATION.

PARIS

LIBRAIRIE CENTRALE DE NAPOLÉON CHAIX ET Ce ÉDITEURS

RUE BERGÈRE, 20, PRÈS DU BOULEVARD MONTMARTRE,

1856

CE LIVRE EST DÉDIÉ

A MONSIEUR

LE MARQUIS CH. DE BRYAS.

LE DRAINAGE

LIMINAIRE

INFLUENCE DE L'EAU EN AGRICULTURE.

I

L'EAU, SES BIENFAITS ET SA NOCUITÉ.

L'eau, répartie en irrigations intelligentes, et quand elle n'outre-passe pas les besoins de la végétation, est toujours féconde en heureux résultats : elle vivifie les vallées et en purifie l'atmosphère ; elle est l'un des trois agents indispensables à la végétation, et peut-être le plus puissant, lorsque son influence s'accroît de l'action pénétrante du calorique ; elle favorise au sein de la terre les diverses combinaisons qui accompagnent la décomposition des substances organiques ; en même temps, elle apporte aux racines chargées de l'absorption, les matériaux qu'elle a dissous dans l'air ou dans la terre. En un mot, elle répand sur l'agriculture d'inappréciables bienfaits.

Mais l'eau, si importante dans l'économie végétale, l'eau qui est « l'âme des plantes, » peut aussi en être le fléau. L'humidité surabondante est nuisible aux plantes, funeste aux animaux utiles, fatale à la santé de l'homme. Elle appauvrit la terre, énerve le sol, délaie l'humus, lui fait contracter les vices des marécages où périssent les cultures, et neutralise l'effet des engrais. L'eau stagnante abaisse la température du sol, se désempare peu à peu de l'aliment qu'elle a charrié, devient impropre à la nutrition, et, retenue trop longtemps dans les affleurements du sol et près du collet des plantes, perd son oxygène, tient en inertie les composés salins que recèlent les argiles, produit des décompositions qui troublent l'économie végétale, pourrit les semences, désagrége les radicelles les plus ténues et les plus importantes, les déchausse pendant les gelées, occasionne leur rouissure, excite les végétations aquatiques inutiles ou nuisibles, dégage sous les rayons solaires des miasmes délétères, imprime à tout la faiblesse et la souffrance, abaisse la température, enlève aux fruits leur saveur, aux fourrages et aux grains leur qualité, amollit la laine des moutons, décourage l'animal, compromet la santé de tous les êtres animés, répand comme un venin les maladies endémiques, et sème partout la misère, la mort et la désolation.

L'écoulement des eaux et leur renouvellement importent donc essentiellement à l'économie rurale, et le don de Dieu est entre les mains de l'homme, s'il est habile, un trésor de vie ; s'il est sot, une source de maux et de ruine.

II

ORIGINE DES STAGNATIONS.

Pour opérer sagement et non au hasard l'écoulement des eaux, il faut observer les imbibitions du sol et rechercher l'origine de l'humidité surabondante.

L'humidité provient :

Des eaux pluviales,

Des sources,

Des filtrations des fossés et des étangs,

Des débordements des rivières, des lacs et de la mer, etc.

Ces eaux filtrent à travers le sol, glissent à des profondeurs plus ou moins souterraines, et, là, sont retenues :

Ou par la contexture des terres qui les absorbent sans les résorber ;

Ou par la qualité du sol :

Soit par une argile trop compacte ;

Soit par des lits de glaise d'une faible épaisseur ;

Soit par les sables de couleur verte que l'on trouve dans le terrain tritonien ou tertiaire inférieur ;

Soit par les sables de la glauconie crayeuse ;

Soit enfin par des marnes vertes qui rendent le sol infertile et la culture pénible.

Les eaux ne se distribuent pas également, et la composition des terrains en influence le jeu. Elles s'épanchent quelquefois en sources que nourrissent les mouillages de la surface, ou qu'alimentent des nappes subjacentes. Dans les sols argileux et les sols sablonneux reposant sur un sous-sol imperméable, elles séjournent à fleur du sol et l'inondent parfois ; dans les sous-sols sablonneux, elles se précipitent subitement de toute la profondeur du sol, et si, là, elles rencontrent l'imperméabilité, elles se fixent et se corrompent.

Telles sont les causes de l'humidité surabondante.

III

ÉCONOMIE DES EAUX.

Si l'eau provient d'un sol supérieur, il est facile de la détourner à temps des points de stagnation, et, au moyen de réservoirs, de l'économiser pour les irrigations.

Si elle provient des eaux de pluies ou de sources, ou de filtrations, les moyens d'écoulement varient selon la nature du sol et sa position.

On y remédie facilement par des amendements,

Des raies d'égouttement,

Des saignées superficielles.

Ainsi, dans les prairies basses, un simple système de fossés écoule les eaux et ôte toute possibilité de croissance aux joncs et aux herbes aquatiques. Quand les fossés diminuent trop la surface et gênent la dépaissance du bétail, on pratique des rigoles couvertes. Quelquefois, on divise le sol en bandes de cinq ou six mètres de largeur, bombées au milieu. Cette forme, dite billonnage, s'obtient à l'aide de la charrue à double versoir, jetant la terre à droite et à gauche. Elle est traînée deux fois en allant et en revenant, et trace deux sillons contigus de manière à former, quand toute la surface est labourée, une suite d'ados plus ou moins larges et isolés par des sillons profonds où viennent s'égoutter les eaux des terres surélevées.

Ces divers moyens suffisent quelquefois.

A de plus persistantes humidités, on oppose :

Les perforations du sol,

Les puits perdus,

Les terrassements, etc.

Enfin, quand, par ces moyens, on n'arrive pas à éviter les altérations produites par des stagnations obstinées et renaissantes, et quand on veut changer radicalement les conditions défavorables d'un terrain, on délaisse les procédés que nous venons de décrire et l'on a recours à des mesures efficaces qui fouillent les profondeurs du sol pour en disperser à jamais l'humidité.

Ces mesures sont dites d'*assainissement*, par différence de celles dont nous avons parlé d'abord, qui sont dites d'assèchement et qui ne tendent qu'à faire disparaître les humidités superficielles.

Les procédés d'assainissement vont occuper exclusivement notre attention.

PREMIÈRE PARTIE.

LE DRAINAGE.

I

DÉFINITIONS.

Vers le centre à peu près du hangar réservé au génie agricole, dans le jardin du palais de l'Industrie, le public rencontrait, il n'y a pas encore un an, une construction rustique, et remarquait un ensemble de travaux et de matériel agricole nouveaux.

Là, entouré d'un calme horizon, d'instruments de culture, d'ustensiles champêtres et d'appareils aratoires, sous un toit de chaume, et comme servant de contraste à l'atmosphère poussiéreuse et bruyante de la galerie des machines en mouvement, s'abritait un simulacre de terrain, sillonné de profondes gerçures communiquant entre elles, évasées des lèvres, et dans lesquelles, au fond, on voyait, comme une ossification dénudée, circuler des tuyaux de terre engrenés bout à bout, soigneusement enchaperonnés de cailloutis et de fragments de tuyaux, et tous légèrement inclinés dans un même penchant.

Au bord de ces gerçures, et retombant en talus, la

1.

terre ameublie évaporait son humidité, et, comme une chair pantelante, attendait qu'on la rejetât sur la plaie du sol, béante et fraîche encore. Sur la déclivité des talus gisaient au hasard des outils spéciaux, qui semblaient modifiés pour les besoins d'un nouveau genre d'exploitation.

Tout près étaient suspendues des cartes représentant l'ensemble d'une propriété et les travaux qu'elle a subis.

Ce matériel, ces travaux, ces tranchées, ces fossés, étaient le modèle réduit d'un système agronomique d'innovation récente : le DRAINAGE !

Le mot drainage dérive de l'anglais *to drain*, dont la signification générale est *épuiser, égoutter, dessécher* par tranchées.

On dit en anglais : *of land drainage* (dessèchement des terres cultivées), *agricultural drainage* (drainage agricole).

En français l'on disait : *dessèchement* d'un marais, *égouttement* d'une terre cultivée, etc.

Pour éviter les périphrases, on a délaissé ces vagues synonymes, et l'on a introduit le mot anglais dans notre langue ; on dit donc désormais : *drainage, drainer* et *drain*.

Les mots *drainage, drainer*, comprennent l'ensemble d'opérations dont le but est l'économie générale des eaux qui pénètrent ou tendent à pénétrer le sol cultivable ; on entend par *drain*, les tranchées pratiquées pour l'écoulement des eaux.

M. Martinelli, agronome du département de Lot-et-Garonne, a expliqué le drainage en ces termes (*Journal d'Agriculture pratique*, 3e série, tome Ier, page 98) :
« Prenez ce pot de fleurs, dit-il ; pourquoi ce petit trou au fond ? Je vous demande cela, parce qu'il y a

toute une révolution agricole dans ce petit trou. — Il permet le renouvellement de l'eau, l'évacuant à mesure. — Et pourquoi renouveler l'eau? — Parce qu'elle donne la vie ou la mort, la vie lorsqu'elle ne fait que traverser la couche de terre : car d'abord elle lui abandonne les principes fécondants qu'elle porte avec elle; ensuite elle rend solubles les aliments destinés à nourrir la plante; la mort, au contraire, lorsqu'elle séjourne dans le pot, car elle ne tarde pas à corrompre et pourrir les racines, et puis elle empêche l'eau nouvelle d'y pénétrer. Le drainage n'est que ce petit trou de pot de fleurs ménagé dans tous les champs. »

Tout le mystère est là. En effet, les travaux de drainage consistent à pratiquer dans le sous-sol, à un mètre environ de profondeur, des tranchées étroites et qui se correspondent; au fond de ces tranchées on dispose, emboîtés l'un dans l'autre, des tuyaux de poterie, et l'on recouvre le tout de la terre extraite des fossés. L'eau qui immerge le sol ou qui le pénètre, dégage sa partie assimilable et nutritive, s'infiltre jusqu'aux tuyaux, et la canalisation souterraine aspire, par les mille ramifications de ses artères, l'eau stagnante et l'excès d'humidité qui vicient la terre arable et préjudicient à la végétation.

C'est simple comme toutes les choses complètes et comme la vérité.

II

TRAVAUX PRÉLIMINAIRES.

Des études diverses doivent précéder les travaux du drainage. L'appréciation préliminaire de l'étude du sol doit, avant tout, occuper le draineur. Cette appréciation est facilitée, pour une terre quelconque, par la végétation qui en émane spontanément.

Le muscari, le pas-d'âne, l'arrête-bœuf, la sauge, la queue-du-renard, la traînasse, l'ornithogale, la renouée, l'épi-du-vent, la menthe, les narcisses, dénotent les terres froides à sous-sol saturé d'eau.

La nécessité d'un drainage à grande profondeur se trahit par la présence des laiches, des scrofulaires, des glaïeuls de marais, des joncs, des renoncules âcres, des rhinantes, du colchique d'automne, des choins, des scirpes, du souchet, de l'orchis latifolia, etc.

Les crevasses qui se forment à la surface du sol à l'époque des chaleurs et le jaunissement intempestif des feuilles sont un symptôme de sursaturation, d'humidité, etc.

Le besoin du drainage étant constaté, le premier soin doit être de procurer un libre cours à l'évacuation de l'eau. Pour l'aménager, on opère d'abord le levé du plan du terrain à drainer, et, le nivellement effectué, on détermine la direction des eaux; on reconnaît les pentes favorables à leur sortie, on fixe la profondeur, l'espacement, la pente et la longueur des canaux de divers ordres qui sont toujours nécessaires aux travaux du drainage, soit des *canaux primitifs* ou *fossés d'assainissement*, *drains* proprement dits, et qui, sous le nom de *saignées*, sont disséminés dans la terre dont ils recueillent l'eau qu'ils descendent à la partie la plus déclive des terres; soit des *canaux secondaires* ou *collecteurs*, drains principaux auxquels vont aboutir les précédents; on s'occupe en outre des moyens d'utiliser l'eau ou de la faire écouler dans les puits perdus ou canaux de décharge, et, enfin, l'on se prépare à toutes les précautions que peut réclamer une bonne exécution, et l'on suppute par avance les frais généraux de l'entreprise.

III

DRAINS, LEUR PROFONDEUR, LEUR ESPACEMENT, LEUR PENTE ET LEUR LONGUEUR.

La profondeur des drains, leur espacement, leur pente et leur longueur, ont suscité des opinions divergentes et passionnées; mais c'est heureusement un problème dont l'expérience a donné la solution.

On a prétendu, en effet, que le drainage profond nuit aux terres chaudes, qu'il rend trop secs les autres sols, que dans les terres compactes il n'est pas praticable à cause de la difficulté que les eaux éprouvent à traverser les terrains glaiseux, les argiles grasses et onctueuses. Les Écossais, autrefois partisans du drainage à fleur de terre, ne creusaient d'abord leurs fossés qu'à une profondeur de 0^m,70 à 0^m,75, et ils disposaient les tubes de manière à laisser entre leur superficie et le lit du sillon une couche de terre suffisante pour les protéger et pour se prêter à un bon labour.

L'expérience a démontré que ce système est vicieux. Il est avéré maintenant que le drainage profond de 1^m,10 à 1^m,30 et même 2 mètres, bien que les effets soient lents quelquefois, rend perméables les terres les plus compactes, qu'il facilite la pénétration du sol par les agents atmosphériques, qu'il occasionne dans les argiles des fendillements où l'eau s'infiltre, etc., etc.

La profondeur à laquelle les drains doivent être creusés dépend de la nature des terres, et elle doit être déterminée d'après des considérations relatives au développement des plantes, à l'écoulement des eaux et à la constitution géologique du sol.

Quant à l'espacement, nous choisissons entre les tableaux de plusieurs praticiens, et nous reproduisons les chiffres donnés par M. Leclerc, dans son *Traité du drainage*, pour des tuyaux présentant le diamètre de $0^m,02$:

ESPACEMENT.	LONGUEUR DES DRAINS EN MÈTRES				
	POUR UNE PENTE DE				
	0,002	0,005	0,010	0,015	0,020
7 mètres	130	226	332	416	486
10 —	92	158	234	292	340
12 —	76	132	195	243	284
14 —	65	113	162	208	243
16 —	57	100	146	183	213

Nous produisons ci-dessous le tableau donné par M. Adam, banquier à Boulogne-sur-Mer, tableau qui répond en outre à d'autres renseignements :

PROFONDEUR des TRANCHÉES	DISTANCE entre les TRANCHÉES.	MASSE du SOL DESSÉCHÉ par 40 ares.	MASSE du SOL DESSÉCHÉ par 10 c. en mèt. cubes.	SUPERFICIE de SOL DESSÉCHÉ par 10 c. en mèt. carrés.
$0^m,66$	$8^m,60$	$3,226^m,5\ 0$	$4^m,10$	$6^m,27$
$1^m,00$	$11^m,50$	$4,840^m,000$	$8^m,93$	$8^m,93$
$1^m,20$	$16^m,66$	$6.455^m,000$	$12^m,00$	$8^m,96$

Enfin, le tableau de M. Vitard, extrait de son *Manuel populaire du drainage*, complétera nos indications :

DISTANCE entre LES TRANCHÉES.	PROFONDEUR des TRANCHÉES.	MASSE DE SOL desséché DANS UN HECTARE.
$8^m,00$	$0^m,72$	$6,652^m,800$
$12^m,00$	$0^m,96$	$7,737^m,600$
$16^m,00$	$1^m,24$	$9,052^m,800$

Les questions relatives à la **profondeur** et à l'espacement les plus convenables des rigoles ont été débattues maintes fois entre les ingénieurs, les agriculteurs, et dans les associations agricoles anglaises. Les uns voulaient que les rigoles ne fussent creusées qu'à 0m,45 ou 0m,60, et rapprochées à 3m,60 ou 4 mètres les unes des autres; plusieurs ingénieurs, propriétaires ou fermiers, assuraient qu'une profondeur de 1m,20 à 1m,50 était convenable et économique, en ce qu'elle permettait de porter l'espacement des drains à 7m,63 et même 9 ou 11 mètres.

Le plus grand nombre aujourd'hui est d'avis que très-généralement il convient de placer les tubes à une profondeur de 1 mètre à 1m,15, et que les rigoles doivent être espacées de 5 à 6 mètres les unes des autres.

Les exceptions à cette règle générale peuvent être nombreuses dans une localité; il importe donc de dire sur quoi elles se fondent : à cet égard, heureusement, il ne paraît plus rester de doutes.

Plusieurs mécomptes, quelquefois très-graves, sont résultés de ce que les rigoles, peu profondes (de 0m,60 à 0m,90 par exemple), se sont trouvées au-dessus de la nappe d'eau retenue par les argiles les moins perméables. L'eau stagnante au-dessous des tubes, ne pouvant s'écouler, entretenait un grand excès d'humidité, et les divers inconvénients dont on avait voulu préserver le sol, devaient nécessairement persister. Il est donc évident que, dans ce cas, il faut creuser les rigoles jusqu'au niveau où l'eau est retenue, ce qui permet d'espacer davantage les tubes.

Dans d'autres circonstances, où la terre elle-même, étant argileuse, est assez perméable pour que l'eau s'y infiltre aisément jusqu'à 1m,35 ou 1m,50, les tubes posés à cette profondeur et à des distances de 7ᵐ,60 à 9 mètres pourront servir à l'égouttage du sol, et laisseront au-dessus d'eux une couche de terre plus propre à retenir les gaz, les sels, les engrais, et par conséquent plus féconde.

La pente est aussi chose importante; elle prévient les obstructions de tubes et est nécessaire pour l'évacuation. Dans les tubes cylindriques, l'eau s'écoule avec une pente de $0^m,002$ par mètre, mais lentement. Une inclinaison de $0^m,005$ au minimum est donc nécessaire si les drains sont longs et si les tubes présentent seulement un diamètre intérieur de 25 millimètres.

La longueur que l'on peut donner aux conduites formées de petits tubes ou de tubes collecteurs dépend de la section de ces tubes, de leur diamètre, de la pente qu'ils suivent, de la distance qui les sépare, de la perméabilité du sol, et, en dernier lieu, de la quantité d'eau pluviale qui tombe en vingt-quatre heures.

En Angleterre, avec des tuyaux de $0^m,025$ à $0^m,035$, les drains présentent d'ordinaire une longueur de 250 à 350 mètres; en France, 200 mètres est la longueur admise. Dans les distances plus considérables, on divise les drains primitifs par des drains secondaires.

Dans les conditions communes qui ont motivé l'espacement de 7 à 16 mètres pour des tuyaux de $0^m,036$ de diamètre, on peut régler la longueur de ces drains d'après les pentes et les distances réglées dans le tableau suivant, dû à MM. Payen et Richard :

DISTANCE ENTRE LES TUBES.	PENTE EN MILLIMÈTRES par mètre.	LONGUEUR DES DRAINS.
7 mètres.	2	200 mètres.
	10	300 —
	100	800 —
10 mètres.	2	30 —
	10	200 —
	100	600 —
13 mètres.	2	65 —
	10	158 —
	100	500 —
16 mètres.	2	50 —
	10	100 —
	100	400 —

On augmente la longueur en ajoutant à chacune de ces limites une série de tubes d'un plus fort diamètre.

La solution de ces divers problèmes dépend, comme nous l'avons déjà dit, d'observations relatives aux pluies, à la nature du sol, à son épaisseur, à son degré d'inclinaison, à ses conditions d'humidité née de sources spontanées ou émanant de stagnations voisines. En face de ces observations, les renseignements scientifiques sont précaires, et c'est à la perspicacité du draineur ou à la connaissance que le cultivateur possède de ses terres d'en modifier les indications.

IV

TRAVAUX DÉFINITIFS. — SECTION DES TRANCHÉES. — OUTILLAGE SPÉCIAL. — PRÉCAUTIONS DIVERSES.

Quand le plan général des opérations est tracé, on

procède aux travaux définitifs. Ces travaux s'inaugurent par la section des tranchées.

On creuse les fossés soit à la bêche, soit partiellement à la charrue, ce qui est plus praticable et plus économique. Avec une charrue à double soc évasé et à deux chevaux, en faisant marcher chaque cheval d'un côté du fossé, on trace le sillon, la terre est rejetée des deux côtés; on trace plus avant avec une charrue sous sol et en relevant la terre, et on creuse à fond le fossé avec des bêches plus étroites.

Pour ne pas gaspiller la fouille et le remblai, on n'ouvre que des tranchées étroites et suffisantes à l'établissement des drains; on en déblaie et nivelle le fond et on l'arrondit à la proportion des tuyaux.

Dans les terrains sujets à éboulements on établit, le long des parois des tranchées, des planches de soutènement.

Ces opérations réclament un outillage spécial..

Les pelles et les bêches suffisent à l'ouverture des tranchées; on continue les travaux avec des instruments particuliers, plans ou en gouttière, et d'autant plus étroits, qu'ils sont destinés à fouir dans une plus grande profondeur. Quand le terrain est dur et caillouteux, la pelle et la pioche remplacent la bêche, et le *taille-prés* sert à couper les bruyères, touffes de joncs, etc.

On procède ensuite à la pose des tuyaux. On les enlève au moyen d'un outil dont la base à double épaulement se divise, d'un côté, en tige coudée dont le bout inférieur entre facilement dans le tube, et de l'autre, en petite pioche en drague qui sert à enlever la terre bombée accidentellement au fond du canal. Les tubes ajustés bout à bout le long de la rigole se soudent l'un à l'autre. Sur la ligne des drains principaux on ménage de distance en distance des regards qui permettent de vérifier si le drainage fonctionne bien, de reconnaître les points du drain qui sont obstrués, de faciliter les recherches et enfin d'abréger les réparations. Les regards sont des vases dans lesquels se dégorgent les tubes qui descendent d'amont et d'où partent ceux qui vont en aval. On a soin de conserver un point de repère pour faciliter l'inspection.

On évite les crapauds, les grenouilles, les rats et autres animaux des champs qui pourraient s'introduire dans les drains, y périr et boucher le passage, par l'apposition de petits grillages entre le dernier et l'avant-dernier tuyau : ainsi de tous côtés l'obstruction est prévenue, et l'eau limpide arrive en courant et entraîne au loin avec force toutes les décompositions et toutes les déjections terreuses.

Dans certaines terres où l'oxyde de fer abonde, les eaux égouttées dans les tubes y ont porté des dépôts ocreux qui ont pu les engorger ; cet accident s'est particulièrement manifesté pour les tubes de petits diamètres, $0^m,25$ à $0^m,33$. On est d'accord pour conseiller l'emploi, dans ce cas, de tubes au moins de 0,051, auxquels on donne le plus de pente possible en profitant des inclinaisons du terrain. Un autre accident a parfois arrêté assez promptement l'écoulement dans les drains, c'est l'introduction de racines d'arbre entre les joints : il se forme alors dans le tube un chevelu de racines tellement volumineux qu'il remplit la section et intercepte bientôt le passage de l'eau. On doit donc éloigner les rigoles des arbres qui souvent sont en bordure, ou arracher ceux-ci lorsqu'ils avancent dans l'intérieur du champ à drainer; les haies vives établies dans les prairies plus ou moins divisées offrent moins de chances d'obstruction; toutefois, elles nécessitent des précautions analogues à celles prises dans le voisinage des arbres en bordure.

MM. Fowler et Fry ont inventé et construit une machine à drainer que tous les visiteurs de l'Exposition universelle de Londres ont remarquée. Il n'entre point dans notre plan d'en donner ici une analyse détaillée ; cette machine ne répond pas d'ailleurs à la précision que réclame la pose des tuyaux. Nous ne saurions néanmoins passer sous silence une des plus belles manifestations de l'industrie agricole. Cette machine a pour but de procurer une économie considérable en diminuant les frais de main-d'œuvre, et dispense de placer les tuiles à la main. Cette économie s'accroît d'autant plus que la terre où l'on doit enfouir manuellement les tubes a besoin d'être drainée plus profondément, et la raison en est que la machine, dans ce cas, n'augmente les frais que dans une proportion minime, tandis que le travail à la main les augmente considérablement.

Cette machine, attelée de deux chevaux, agit sous la surface de la terre à une profondeur donnée ; elle creuse le sol et y dispose les tubes d'irrigation à l'aide d'une vis ; on la fait descendre à volonté afin qu'elle suive les ondulations du sol, lesquelles sont précisées au moyen d'un instrument spécial. L'inventeur met la machine à louage, et même il entreprend le drainage d'une terre à un taux qui varie entre le tiers et les deux tiers du prix que coûterait ce travail exécuté manuellement. A ce sujet, nous allons citer les paroles pleines de style et de pensée que M. Alfred de Montreuil a consacrées à cette machine dans son rapport au congrès de Lizieux et au comice agricole de Gisors :

« La terre une fois étudiée et divisée en espaces

convenables pour le drainage, on place le cabestan à 130 mètres environ et en avant de la charrue.

» Les chevaux animent le cabestan, et à l'instant la charrue s'avance, le coutre fend le sol avec une puissance irrésistible ; le soc ouvre le sous-sol en le comprimant sur tout son pourtour, et traîne après lui, dans les flancs de la terre, les tuyaux juxtaposés, dont l'introduction et l'ondoiement sont facilités par l'ouvrier chargé de cette partie du travail. Après trente à quarante tuyaux introduits, on s'arrête pour raccorder une nouvelle série de tuyaux, et cela jusqu'au moment où, prêt à rejoindre le cabestan, on trouve une seconde tranchée semblable à la première. Là on s'arrête encore, le maître ouvrier fait mouvoir l'engrenage et relève le coutre, le soc se dégage, on détache la chaînette de son œillard, et en attirant doucement les cordes successivement aboutées dans le drain, on bouche avec un peu de paille l'ouverture du dernier tuyau pour que rien ne s'y engage. L'opération est achevée, la charrue se transporte ailleurs. N'est-il pas féerique de suivre cette charrue silencieuse dans le travail souterrain qu'elle opère, de comprendre de l'esprit la précision mathématique de son exécution ? Nous étions dans une prairie environnée de troupeaux ; eh bien, quand nous avions passé sur un point que les herbes foulées accusaient à peine, ces troupeaux paissaient paisiblement jusque sur les lèvres fermées de la plaie que nous avions faite ; rien n'avait disparu dans ce pâturage. Six hommes, deux chevaux et une demi-heure, montre en main, avaient suffi pour descendre à 1^m,3 sous terre trois cents tuyaux qui, sans la puissance mécanique, eussent demandé une semaine de travail et bouleversé tout le sol. »

V

APPLICATION DU DRAINAGE DANS LES CONDITIONS GÉOLOGIQUES.

La cherté des travaux de drainage est une des causes les plus générales qui en éloignent nos agriculteurs : voici une nouvelle méthode dont l'application unit à l'avantage de l'économie celui d'une plus grande durée; il est dû à lord Berners, agriculteur, et à M. Trimmer, géologue. L'exposé de ce système est dû à M. de la Tréhennais, et a été inséré dans le *Journal d'agriculture pratique;* nous allons en donner un extrait qui fera juger du procédé.

« Tous ceux qui ont voyagé en chemin de fer ou qui ont été à même d'observer une longue et profonde coupure de terrain, ont sans doute remarqué que la surface des parois de ces coupures, lesquelles ne sont pas taillées dans le roc, offre des lignes de couches irrégulières qui affectent toujours la forme de sillons. Ces lignes représentent la section de véritables sillons qui s'étendent à une distance plus ou moins grande, et dans une direction plus ou moins régulière, et, en un mot, constituent le sous-sol de toutes les terres d'alluvion et de celles qui, soit sur les plateaux, soit sur le versant des collines, reposent sur des couches tertiaires. Ces sillons ont sans doute été déposés par la masse des eaux diluviales qui, en se retirant avec plus ou moins de rapidité, selon la pente et selon le plus ou moins de ténacité du sol de leur lit, ont formé ces irrégularités dont l'existence ne saurait être contestée. Lorsque le lit du torrent s'est trouvé argileux, les eaux à leur passage ont dû en délayer les veines les moins tenaces, et c'est ce qui explique l'existence de ces sillons dans les bancs d'argile. Les arêtes qui ont résisté à l'action des eaux doivent naturellement être fort imperméables; l'eau qui s'infiltre dans la surface et se loge entre les intervalles, entre ces arêtes, ne trouvant point d'issue latérale, doit naturellement suivre la pente du sillon, et partout où la nature plus poreuse du sol supérieur le leur permet, s'échapper à la surface en forme de sources, bourbiers et marécages.

» Le détournement d'une rivière est un déluge universel en miniature; les eaux fangeuses roulent une quantité considérable de matières en solution que le courant tient suspendues. Supposons une prairie inondée par ce débordement; si le courant qui passe sur la surface est rapide, et que les eaux se retirent promptement, on ne remarque sur la prairie qu'un précipité sablonneux, peu ou point d'humus; au contraire, sur tous les points où la pente a favorisé un écoulement rapide, le torrent a creusé un lit et a emporté au loin toute la couche friable pour la déposer sur un point où son cours s'est enfin ralenti. Si, au contraire, les eaux, en s'étendant sur la prairie, n'ont obéi qu'à une élévation de niveau, et ne s'en sont retirées que lentement, on remarque un précipité argileux reposant sur une couche de gravier. C'est, du reste, une expérience très-facile à faire : qu'on délaie une quantité quelconque d'argile sablonneuse dans un bocal de verre, et qu'on laisse reposer, on verra d'abord le gravier, qui est plus lourd, se précipiter au fond du vase, puis, plus lentement, l'argile suspendue dans l'eau. C'est cette opération qui a dû se faire sur la surface de notre globe. De sorte que l'on peut établir en axiome général que la partie du sous-sol qui existe entre la couche végétale et le lit d'argile sillonné, consiste en couches plus ou moins épaisses de sable et d'argile, le sable étant toujours en contact immédiat avec les sillons argileux, comme ayant été précipité le premier : de sorte que les intervalles des sillons argileux se trouvent presque toujours remplis de gravier, et forment ainsi des canaux souterrains *perméables*, séparés par des arètes d'argile *imperméables*. Au-dessus de cette couche sablonneuse se trouve une couche argileuse plus ou moins tenace, et souvent sur cette couche argileuse se trouve une autre couche sablonneuse, produit d'une seconde inondation. Ces couches sont loin d'être régulières : la couche sablonneuse monte quelquefois jusqu'à la surface ; tantôt c'est la couche argileuse qui domine, et fort souvent la crête d'une arrête du sol primitif se montre à quelques centimètres de la couche végétale. Il résulte de cette irrégularité du sous-sol deux points fort importants : le premier, c'est que si, comme cela doit nécessairement arriver avec le système de drainage généralement adopté, qui consiste à poser les drains en lignes parallèles et équidistantes, sans aucun égard à la nature du sous-sol, on pratique un drain parallèle à l'arête du sillon imperméable, on ne draine point l'eau logée dans les intervalles des autres sillons ; car cette eau se trouve retenue par deux parois imperméables que le drain n'a point entamées. En effet, comme les drains sont toujours établis dans le sens de la pente, qui est aussi celui des sillons tertiaires, ils se trouvent creusés ou dans l'intervalle sablonneux, et alors ils ne drainent que cet intervalle, ou bien dans les sillons argileux eux-mêmes, dans lequel cas ils ne drainent rien du tout ; car la nature du sol est telle, que l'eau qui l'environne à droite ou à gauche ne peut s'infiltrer dans le drain à travers une paroi imperméable. Le second point est celui-ci : si, au contraire, au lieu de pratiquer des drains équidistants et parallèles à la ligne de la pente, qui est naturellement celle des sillons souterrains, on coupe transversalement ces sillons par un drain principal et en ligne diagonale, on établit aussitôt une communication entre les intervalles poreux, dont la partie supérieure se trouve nécessairement drainée dans toute l'étendue du drain; et l'expérience a prouvé que, fort souvent, la partie inférieure se trouve également drainée, l'eau qui s'infiltrait des parties supérieures se trouvant interceptée par le drain transversal. L'explication que nous avons donnée de la formation des sillons tertiaires doit naturellement faire conclure que ces sillons n'existent bien prononcés que dans les terrains où la pente est sensible; car là seulement les eaux diluviales ont pu, par la rapidité de leur écoulement, creuser ces irrégularités du sous-sol. Sur les plaines et les plateaux, ce phénomène est bien moins sensible; mais les couches argileuses n'en sont pas moins séparées par les espaces sablonneux, qu'il est indispensable de faire communiquer entre eux par des drains dont la direction doit être déterminée par le gisement de ces bancs de gravier, afin que l'eau qu'ils retiennent comme dans des réservoirs souterrains, puisse trouver une issue et s'écouler. Tels sont les principes théoriques, en voici l'application. Considérons d'abord l'effet mécanique du drainage sur la masse d'eau accumulée dans le sol. Beaucoup de personnes ne se rendent pas bien compte de la manière dont l'eau s'infiltre dans le drain. Un grand nombre croient encore que l'eau pluviale, dans sa descente de la surface, se trouve interceptée par le drain dans lequel elle s'infiltre par la partie supérieure du tuyau; et ces personnes arguent que, par conséquent, plus les drains sont rapprochés, plus le drainage est efficace : c'est une erreur si bien démontrée par le système Keytorpe, où les drains sont très-espacés, qu'il est bon d'expliquer ici comment les drains reçoivent les eaux qui passent à travers le sol, soit perpendiculairement comme les eaux pluviales, soit latéralement par les conduits souterrains. D'abord posons en principe que les eaux n'entrent point dans le drain par en haut, mais par en bas. Ce n'est que par l'élévation du niveau de l'eau dans le sous-sol jusqu'à la ligne du drain que l'eau s'y infiltre. Chaque goutte qui tombe à travers le sol rehausse ce niveau d'une goutte et pousse une goutte dans le tuyau par lequel le trop plein se décharge; de sorte que le niveau de l'eau stagnante ne dépasse jamais le niveau du drain. Ainsi donc, si les drains sont établis de manière à ce que le niveau de l'eau souterraine se fasse librement, en faisant communiquer toutes les parties poreuses et les bancs sablonneux entre eux, il importe peu que les drains soient rapprochés, pourvu que leur diamètre soit assez large pour écouler la masse d'eau qui s'y précipite. C'est l'établissement constant, rapide et uniforme de ce niveau de l'eau souterraine au niveau des drains que le draineur doit se proposer; là est toute la question du drainage. Si, comme nous l'avons démontré, il existe dans le sous-sol des accidents de porosité et d'imperméabilité, il faut en profiter pour atteindre le but, et, par cela même, pour diminuer convenablement le nombre et la longueur des drains, et partant la dépense qu'entraîne cette opération. Le lecteur appréciera comme nous toute la valeur et l'importance d'un système qui a pour base un fait scientifique incontestable, et pour auxiliaires la simplicité, l'économie, l'efficacité et la durabilité. Prenons d'abord un champ de terre argileuse où la pente soit sensible, et par conséquent où les arêtes du sous-sol soient bien accusées. La première opération est de creuser dans la partie supérieure ou sur les points culminants et sur les autres points de la surface du champ que l'expérience du draineur doit toujours déterminer, des fosses d'essai, de 0^m,61 de large, 1^m,22 de long et 1^m,52 de profondeur. Par le moyen de ces trous, l'ingénieur reconnaît d'abord le gisement des couches erratiques, ensuite la hauteur du niveau de l'eau stagnante du sous-sol, et enfin, lorsqu'il a commencé l'opération du drainage, l'épuisement de l'eau dans les fosses lui fait savoir le point où il doit s'arrêter; car si le drain pratiqué dans le voisinage d'une fosse, arrivé à une certaine distance, réussit à épuiser cette fosse, il est inutile de le continuer plus loin dans la même direction. Les fosses étant creusées dans la partie supérieure du champ, on commence à tracer un drain-artère à la plus grande distance possible de ces premières fosses, c'est-à-dire à la distance la plus éloignée à laquelle l'expérience a démontré la possibilité d'épuiser l'eau des fosses d'essai sans avoir recours à des drains latéraux. Si l'établissement du drain-artère ne suffit pas pour épuiser les fosses, alors on trace des drains secondaires, dans la direction de ces fosses, jusqu'à ce qu'elles soient complétement desséchées. Plusieurs personnes prétendent que le drainage équidistant et rapproché a ce grand avantage qu'il amène directement de l'air dans le sol. L'atmosphère, selon moi, ne pénètre point dans le sous-sol par les drains, si les drains sont bien posés; ils se remplissent d'eau et non d'air, et c'est là leur destination. L'air n'agit sur le sol que de deux manières : en temps sec, par les fissures et conduits capillaires que le drainage a laissés libres, et à travers lesquels la pression de l'atmosphère sur la surface fait entrer l'air jusqu'à ce que la masse du sol, de la surface au niveau des drains, en soit saturée ; en temps de pluie, chaque goutte d'eau qui s'infiltre dans le sol, où elle pénètre facilement quand il est bien drainé, amène avec elle une certaine quantité d'air, véritable source de vie et de fertilité. Voilà comment l'air pénètre dans le sol ; la seule condition nécessaire, c'est le drainage complet, c'est-à-dire le maintien de l'eau stagnante du sous-sol au niveau des drains, afin que la masse supérieure soit toujours ouverte aux influences atmosphériques qu'elle doit subir à pleins pores. Il est évident que si les pores sont envahis par l'eau, l'atmosphère ne saurait y pénétrer. »

VI

INFLUENCE DU DRAINAGE.

Le drainage n'a pas seulement pour effet l'augmentation directe des récoltes : les eaux charriées par les tuyaux souterrains, et renouvelées, servent très-avantageusement à l'irrigation des prairies. Les bénéfices que doit procurer l'application de ce système sont difficiles à évaluer avec une rigueur mathématique. Écoutons à ce sujet un agronome intelligent, M. Decauville, qui avait drainé, à la fin de 1853, 200 hectares de sa ferme à Égrenay, près de Brie-Comte-Robert : « Dans les années humides, dit-il, la récolte peut être doublée dans certains sols ; tandis que, dans les années saines, l'augmentation du rendement peut n'être qu'insignifiante. La nature du sol vient encore modifier les

résultats que donne le drainage. Il y a des sols où le
dessèchement est immédiat, tandis que dans d'autres,
il faut plusieurs années pour qu'il se produise d'une
manière complète. On comprend facilement que, dans
le premier cas, on est déjà rentré dans les avances,
alors que, dans le second, on n'a encore profité d'aucune amélioration sensible.

» L'assolement adopté dans l'exploitation du sol vient
encore faire varier les bénéfices que l'on peut obtenir
du drainage. Les bénéfices seront moins grands si l'on
pratique l'assolement triennal avec jachère, que si
l'on a un assolement plus productif, mais exigeant plus
d'engrais.

» L'assainissement d'une terre permet d'y pratiquer
la culture que l'on croit la plus avantageuse dans la
localité où l'on se trouve. On ne craint pas de faire
beaucoup de frais d'engrais et de culture dans une
terre saine; la récolte y étant beaucoup plus assurée,
on a une probabilité beaucoup plus grande de rentrer
dans ses avances que quand on a affaire à une terre
humide. Durant les deux premières années qui ont
suivi mes assainissements, mes récoltes ont été beaucoup augmentées. Cependant, dans la ferme que j'ex-
ploite, presque partout le dessèchement a été immédiat; c'est que, ces deux années ayant été sèches, les
récoltes n'ont pas assez souffert dans les terres non
assainies pour que la différence soit appréciable.

» Mais j'estime qu'en 1853, il faut porter à 25 0/0
l'augmentation que m'a procurée le drainage. Mes blés
ont beaucoup moins versé qu'ailleurs; le grain a plus
de qualité, et pèse 2 à 3 kilogrammes de plus par
hectolitre que celui venu sur les terrains de même
nature non drainés. Mon produit à l'hectolitre est en
poids celui d'une année moyenne. Dans certaines par-

ties., ma récolte de pommes de terre a été doublée, ainsi que celle des fourrages. Mais je crois qu'il arrivera rarement une année où l'augmentation de la récolte due au drainage soit aussi considérable qu'en 1853. »

Souhaitons que l'exemple de M. Decauville encourage d'autres agronomes, et que cet exemple trouve en France des imitateurs. Voici comment un agronome anglais, M. Girdwood, s'exprime au sujet de l'application du drainage :

« Dans les terrains humides non drainés, l'agriculture a bien des soucis qui naissent de la difficulté d'exécuter en saison utile les travaux de la terre. Pour pouvoir profiter du moindre temps favorable, on a pris le parti d'entretenir une force motrice considérable en hommes et en chevaux. Il s'agit d'achever, en quelques semaines d'un automne avancé ou d'un printemps tardif, les travaux qu'un cultivateur d'un terrain sec ou drainé pourra faire à sa convenance pendant la plus grande partie de l'hiver. Ce dernier peut travailler la terre avec tout le soin désirable et à un prix bien moindre qu'il n'est permis de le faire à son voisin moins riche ou moins empressé de réaliser un progrès qui l'eût empêché de se laisser surprendre par le temps, et d'abandonner, sans être ensemencés, des champs bien préparés et bien fumés, pour n'y mettre plus tard que des récoltes moins productives. Ce ne sont pas seulement les labours qui demandent ce travail extraordinaire d'hommes et de chevaux pendant un temps très-court, dans les terrains humides non drainés ; on rencontre les mêmes difficultés pour les transports des engrais, pour l'enlèvement des récoltes, pour toutes les opérations d'une exploitation rurale.

» Différentes autorités ont diversement calculé l'économie que procure le drainage relativement au nombre de chevaux d'une ferme. L'estimation du quart des bêtes d'attelage, ou 25 pour 100, nous semble raisonnable. Même avec des attelages ainsi diminués, on prépare mieux le sol dans les terrains non drainés de même nature. La faculté de laisser la terre à plat sans danger est un des avantages considérables du drainage. Les billons qu'exige la culture des terres non drainées sont flanqués de raies nues et stériles qui rendent à peine la semence qu'on y a jetée. Au contraire. après un drainage rempli par le nivellement graduel de toutes planches billonnées, on fait produire également à toutes les parties du sol, et les champs présentent l'aspect de jardins revêtus d'une végétation uniformément luxuriante. » (*Marton's Cyclopœdia of agriculture.*)

M. Gareau a résumé en ces termes les résultats avantageux du drainage :

« Les terres drainées sont plus faciles à cultiver; on laboure et on sème plus tôt au printemps, et plus tard à l'automne, dans les terres drainées; les terres drainées sont moins humides pendant l'hiver et moins sèches pendant l'été; les eaux de pluie s'écoulent par la filtration et se répandent plus à la surface; les terres les meilleures et les fumiers ne sont plus entraînés dans les fossés; les eaux inférieures ne peuvent plus remonter à la surface, soit par la capillarité, soit par la pression qui tend à leur faire reprendre le niveau d'où elles proviennent; enfin, la maturité des plantes est avancée de quinze jours environ par le drainage. » (*Études sur le drainage au point de vue pratique et administratif*, p. 145.)

« L'application du drainage aux terres humides permet de les labourer presque en toute saison, avantage que les cultivateurs sauront apprécier.

» La santé des bestiaux s'améliore rapidement sur les terrains drainés. L'eau qui imbibe le sol et qui est entraînée par les tuyaux est immédiatement remplacée par l'air atmosphérique que chasse ensuite une nouvelle pluie.

» Ce second volume d'eau est à son tour remplacé par de l'air, et ainsi successivement. Ce renouvellement, autour des racines, des principes les plus nécessaires à l'alimentation des végétaux, permet aux plantes de se développer dans les conditions les plus favorables.

» L'époque de la maturité des récoltes est notablement avancée par l'accroissement de chaleur qui résulte pour le sol d'un drainage bien exécuté. Cet effet est aujourd'hui parfaitement constaté.

» Quant à l'influence du drainage sur la salubrité publique, elle est manifeste : dans beaucoup de localités, on a vu des fièvres intermittentes épidémiques disparaître après l'exécution de grandes opérations de cette espèce. Souvent les brouillards cessent de se manifester sur les terres assainies. » (*Instructions pratiques sur le drainage, réunies par ordre du ministre de l'agriculture, du commerce et des travaux publics.*)

Tel est le drainage, tel est ce système agronomique qui, lorsque la science nous découvre les secrets de la nature et de Dieu, lorsque l'industrie bouleverse à son gré notre monde fertilisé, lorsque les arts montrent de plus larges horizons à nos âmes avides d'idéal, vient réunir sous son drapeau paisible toutes les nations, féconder les efforts de l'industrie et renouveler l'univers.

DEUXIÈME PARTIE.

HISTORIQUE DU DRAINAGE.

I

LE DRAINAGE DANS L'ANTIQUITÉ ET AU MOYEN AGE.

Le drainage, avant d'atteindre la popularité qu'il obtient aujourd'hui, a traversé les vicissitudes communes aux grandes inventions.

L'assainissement du sol arable par l'emploi des fossés aqueducs n'a pas été ignoré de l'antiquité. L'Asie possède des travaux de dessèchement dont la date ne saurait être fixée. Les Romains ont amendé leurs terres marécageuses à l'aide de fossés. Caton, Varron, Virgile ont parlé des tranchées découvertes qui sont le drainage à ciel ouvert. Columelle, auteur agricole romain qui vivait sous le règne d'Auguste, fut un moment sur la voie du drainage moderne, et il mentionne les fossés couverts : « On connaît deux sortes de fossés, ceux qui sont cachés et ceux qui sont ouverts (*cæcarum et patentium*), » et il indique à la suite la manière dont s'exécutent les tranchées souterraines. Palladius, qui est venu longtemps après Collumelle l'a copié en le complétant : « Les terres sont-elles humides, qu'on

creuse des fossés. Les tranchées ouvertes ne sont igno-
rées de personne; voici comment on pratique les
fosses cachées : on garnit le fond des fosses de cailloux, de gravier, de brindilles de vigne, de brous-
sailles, et l'on recouvre le tout avec la terre qu'on a
retirée du fossé avant l'opération. »

Dans le *Théâtre de l'Agriculture*, imprimé en 1600,
le célèbre Olivier de Serres, qui a été appelé le *père
de l'agriculture française*, recommande (page 69) l'emploi de tranchées souterraines; il donne d'amples des-
criptions de ces travaux, et s'étend largement sur le
besoin de remédier « au vice du trop d'eau qui excède
en malice celui des ombrages et celui des pierres. »

L'auteur renommé du *The inglish Improver improved*,
le capitaine Walter Blight, de qui le protecteur Crom-
well a écouté les conseils sur l'assainissement des terres,
et qui, le premier, a écrit sérieusement sur le dessèchement du sol, insiste, dans son livre imprimé en
1652, sur « la nécessité de creuser les fossés jusqu'au
» fond de l'eau froide stagnante qui nourrit le jonc et
» le corex; quant à la largeur, fais à ta guise, dit-il,
» pourvu que tu puisses fouir assez bas pour faire
» écouler l'eau froide qui croupit dans les couches
» inférieures du sol. »

Récemment, aux environs de Maubeuge, au couvent
des Oratoriens, proverbialement célèbre pour la fécondité de ses jardins et l'excellence de leurs produits,
on a découvert d'anciens tuyaux souterrains d'égouttement dont on devine l'aménagement sans difficulté.
Les tuyaux en grès, disposés dans toutes les parties du
jardin à 1 mètre 20 cent. de profondeur, aboutissent
soit à un puits perdu central, soit aux caves du couvent d'où les eaux étaient sans doute entraînées, vers
les parties basses de la ville. D'après les calculs de

M. Hamoir, ces travaux remontent à 1720, et la disposition des tuyaux indique une expérimentation habile des procédés du drainage. A Autun, il y a quelques mois, des fouilles ont mis à nu des tuyaux garnissant des fosses de dessèchement, etc., etc.

De temps immémorial et bien longtemps avant qu'il fût question de drainage dans la pratique agricole, les maraîchers parisiens l'opéraient, sans se vanter, au moyen de rigoles souterraines munies d'empierrements. C'est ainsi notamment qu'ont été desséchés, sous le règne de Charles V, dit le Sage, les marais appartenant au domaine dont Paris était circonvenu « Il y a dans l'horticulture maraîchère parisienne, assure M. Ysabeau, des familles dans lesquelles on conserve les titres originaux en vertu desquels ces marais ont été concédés au XIVe siècle, à la condition de les cultiver en légumes pour l'approvisionnement de Paris. » Ces familles ont continué depuis cinq siècles à pratiquer le drainage dans l'horticulture maraîchère, et c'est, au reste, ce qui a porté leurs produits au degré de perfection qu'ils ont atteint et qui laisse en arrière tout le reste du jardinage européen.

II

LE DRAINAGE EN ANGLETERRE.

Le drainage ne s'est pas établi tout d'abord et sans contestations; il a dû vaincre le préjugé et la routine. L'Angleterre et la Belgique ont les premiers reconnu son utilité; c'est dans ces deux contrées que l'art du draineur, étudié et approfondi, a été pratiqué sur une grande échelle pour la première fois, et qu'ainsi il est devenu une branche essentielle de l'art agricole. —

« Ce n'est que vers la fin du **xviii**ᵉ siècle et au com
mencement du **xix**ᵉ, dit M. Magne, que les procédés
de drainage ont fait de grands progrès; deux hommes
surtout, MM. Elkington et Smith, ont contribué à perfectionner l'art des dessèchements et à le populariser.

» Le premier, fermier de Warwickshire, avait fait
creuser des canaux dans une terre qui, par sa nature,
aurait dû être fertile, sans pouvoir l'assainir. Il visi-
tait un jour ses travaux, en se demandant quelle pouvait être la cause de cette humidité, et il était à côté
d'un fossé de 1ᵐ,50 de profondeur, lorsqu'un de ses
ouvriers, portant un avant-pieu en **fer**, passa par
hasard à côté de lui, en allant déplacer un parc dans
une terre voisine. Elkington eut l'idée de prendre
l'avant-pieu et de sonder le fond du fossé. Ayant en-
foncé cet instrument de 1 mètre environ, il vit, en le
retirant, l'eau surgir du trou et couler dans le fossé;
il reconnut ainsi que l'eau provenait du sous-sol, et il
imagina le procédé d'assainissement qu'on appelle
procédé d'Elkington, et qui produit dans quelques circonstances de très-grands résultats à très-peu de frais.
Le moyen consiste à faire écouler l'eau souterraine,
soit en la conduisant dans une couche plus basse perméable au moyen d'un puits perdu, soit en la faisant
monter dans un fossé qui la conduit au canal de décharge. On a pu quelquefois utiliser cette eau pour les
irrigations. Le Parlement accorda à Elkington une
récompense de 1,000 livres (25,000 fr.).

» Le docteur Anderson avait publié, vers 1773, un
ouvrage : *Théorie du drainage des terres ren lues humides par des sources,* dans lequel l'auteur recomman-
dait à peu près les moyens pratiqués plus tard par
Elkington. On sait même que ces moyens étaient mis
en usage en Allemagne avant d'être connus en An-

gleterre; mais ils n'ont été bien appréciés qu'après les grands succès obtenus par le célèbre fermier de Warwickshire.

» Tout en appliquant, dans un grand nombre de circonstances, le système d'Elkington, les Anglais ont continué à perfectionner les anciens procédés de desséchement; ils ont calculé quelles devaient être la profondeur et la largeur des fossés, quels sont les maté riaux les plus propres à en garnir le fond; pour ménager de larges passages à l'eau, ils ont construit des coulisses infiniment supérieures aux coulisses en bois et à celles que nous pratiquons avec des cailloux. Ils ont substitué à ces fossés, souvent fort utiles cependant, des aqueducs en briques d'abord, et ensuite en tuiles courbées et plates, disposées en conduit isolé au milieu des terres, ou entourées de pierrailles.

» Les études les mieux suivies sur le drainage ont été faites par M. Smith, mécanicien et contre-maître dans une filature de coton à Deanston, en Écosse. Le propriétaire de cette filature avait acheté, pour le besoin de son établissement, une terre située le long d'un ruisseau qui mettait en mouvement ses machines. Une partie de cette terre, n'étant pas utilisée pour sa filature, fut livrée à la culture; elle ne produisit, comme toutes les terres trop humides, que de mauvaises récoltes. Smith, ayant reconnu ou soupçonné que l'infécondité provenait de la stagnation des eaux, fit des essais d'assainissement qui eurent un plein succès. Sans connaître ce qu'on avait fait avant lui, il étudia son opération et l'étendit à tout le terrain; il obtint les mêmes résultats. Des cultivateurs du voisinage ne tardèrent pas à l'imiter, à lui demander même des conseils, et il fut bientôt appelé par de grands propriétaires pour diriger le desséchement de leurs terres.

Il abandonna la filature pour s'occuper exclusivement de la manière d'assainir, d'améliorer les terres. C'est dans ce but que, consulté par des propriétaires, il parcourut l'Angleterre et l'Écosse. L'emploi du drainage qui, exécuté presque entièrement avec de la pierraille, était resté borné, en Écosse, à des coins de terres isolés, fut pratiqué méthodiquement et étendu sur de grandes surfaces de terrain.

» *Le procédé de Deanston* ou *de Smith*, comme on l'appelle en Angleterre, a eu un très-grand succès et a beaucoup contribué à répandre la pratique des desséchements dans les îles Britanniques. Il était déjà connu et pratiqué depuis longtemps quand l'auteur l'a publié dans un petit ouvrage publié en 1833.

» D'après M. Smith, les drains doivent être peu profonds, de 60 à 70 centimètres, et rapprochés les uns des autres de 3 à 7 mètres, selon la nature du terrain; seulement, dans les terrains à sous-sol très-perméable, on pourrait les distancer jusqu'à 12 mètres.» (*Nouveau Journal des Connaissances utiles*, vol. II, page 4.)

Au reste, l'utilité et l'importance du drainage ne sont nulle part aussi grandes que dans la Grande-Bretagne. En effet, presque partout en traversant les cultures, les friches et les bruyères de l'Angleterre, de l'Écosse et de l'Irlande, on voit le fond des raies de la culture générale en billons, et les parties déclives des terrains incultes, trahir de toutes parts la stagnation des eaux, retenues par les argiles du sous-sol ou maintenues par le niveau des ruisseaux, mares ou pièces d'eau environnantes.

» Il m'est resté la conviction intime, dit M. Dumas, l'ancien ministre de l'agriculture, en examinant l'ensemble de la législation anglaise, que sir Robert Peel n'aurait pas modifié la législation des céréales s'il n'avait pas eu une conviction et des idées complétement arrêtées sur les bienfaits que l'Angleterre pouvait attendre du drainage une fois qu'il aurait été généralisé.

» La première mesure qu'on a prise a été l'application au drainage du crédit *foncier*, qui n'existait pas lors de l'introduction du drainage. L'État a donné de l'argent aux propriétaires, à la condition qu'ils en feraient l'application au drainage, et que, dans l'espace de vingt à vingt-cinq ans, au moyen d'annuités, cet argent serait intégralement rentré à l'État. C'est le crédit foncier dans son expression la plus simple, mais fondé complétement par l'État.

» Quiconque n'a pas vu l'Angleterre en 1847 est hors d'état de se faire une idée de l'importance de cette opération, car c'est surtout alors qu'elle fut faite sur une grande échelle. Si, dans l'arrière-saison de 1847, vous eussiez monté sur une colline, et, de là, regardé aussi loin que la vue pouvait s'étendre, vous auriez aperçu, à perte de vue, dans tous les sens, la terre sillonnée par les drains qui allaient être remplis, et rayée de lignes rouges produites par les tuyaux qu'ils allaient recevoir. Toutes les traces en ont disparu aujourd'hui. Mais croyez qu'on ne pourrait presque nulle part fouiller le sol anglais sans rencontrer des tuyaux de drainage. »

Quelle que soit l'antiquité de l'emploi des fossés couverts pour le desséchement des terres, l'histoire sérieuse du drainage date seulement de l'innovation des travaux exécutés par les Anglais. Dès lors le drainage est perfectionné avec soin, organisé selon la raison; il est l'application scientifique d'un moyen puissant d'assainir le sol et de le féconder. Tous les cultivateurs se rendent compte des fléaux occasionnés par l'eau stagnante et des bienfaits que sème libéralement le procédé nouveau ; on ne s'en tient plus au desséche. ment de quelques mares, de quelque lopin de terre, on draine partout et toujours avec fruit ; la nouvelle révolution a suscité des adeptes et des apôtres dans les contrées les plus rebelles aux innovations, et la routine est vaincue. C'est aux Anglais que revient la gloire de cette initiative ; nul peuple ne peut leur en disputer la priorité ; chez eux le drainage a toujours été l'objet d'une vive sollicitude, et leur gouvernement, qui abandonne d'ordinaire à l'industrie l'exploitation de ses découvertes, et qui se montre toujours jaloux de ne point s'immiscer dans les intérêts privés, a compris d'intuition les bienfaits que peut répandre le drainage, et il a voulu stimuler lui-même son peuple au progrès et changer l'hésitation publique en activité enthousiaste. Le parlement l'a aidé de son adhésion ; par un bill du 28 août 1848, il lui a ouvert un crédit de 75 millions de francs, qui ont été répartis en avances aux propriétaires qui ont désiré drainer leurs terres. Le remboursement de la somme avancée s'effectue au moyen d'une rente annuelle qui s'amortit au bout de vingt et un ans, et que les améliorations accomplies et la plus-value de la propriété qui en est le résultat inévitable, permettent au propriétaire d'acquitter sans embarras. Un autre bill du 21 mars 1850 a ouvert un second crédit de 75,500,000 francs destinés encore à la vulgarisation du drainage.

III

LE DRAINAGE EN BELGIQUE.

L'importation du drainage en Belgique date de 1835 et doit sa première application dans ce pays à M. le comte Visart. En 1846, M. le baron Ed. Mertens assainit sa terre d'Osten, près de Namur. Mais ces initiatives restèrent sans imitation. La Belgique n'a eu l'application du drainage complet qu'à partir de 1850.

Constatons, à ce propos avec M. Leclerc, qu'à la Belgique revient l'honneur d'avoir introduit le drainage perfectionné sur le continent, et que sans l'initiative prise par le gouvernement belge, cette utile pratique serait peut-être encore ignorée de la France et des pays qui l'entourent.

L'historique du drainage en Belgique a inspiré de belles et intéressantes pages à M. Leclerc. Nous renvoyons les lecteurs à son ouvrage : *Traité de Drainage*, par G.-M. LECLERC, librairie agricole de LA MAISON RUSTIQUE, rue Jacob, 26.

IV

LE DRAINAGE EN FRANCE.

L'introduction en France du drainage selon le mode anglais ne date guère que de 1846. Il n'a point été accueilli avec autant d'enthousiasme qu'en Angleterre. M. Tackerai l'a pratiqué le premier en France, à Forges (Seine-et-Marne), dans une terre appartenant à M. Demanoir. Il a importé les tuyaux ainsi que la première machine propre à les fabriquer ; il l'a présentée à l'Exposition des produits de l'industrie nationale en 1849, et le jury de récompense accorda de bienveillants éloges à ses efforts et lui décerna une médaille d'argent.

Le motif d'opposition qui se présente d'ordinaire est celui-ci :

Le drainage, nécessaire en Angleterre, est inutile ou du moins peu avantageux en France.

La question doit se résumer ainsi :

Avons-nous des marais, des champs, en un mot, des terres sursaturées d'humidité en France ?

Nous mettons la réponse dans la bouche d'hommes connus par leur expérience agricole, par leur habile observation en administration et en économie politique, et par la confiance qu'ils ont su inspirer à la France.

M. Laffitte, à la session des Chambres de 1833, dans une proposition qu'il émit sur le desséchement des marais, évalue à 800,000 hectares la surface envahie par des foyers d'émanations putrides.

« Si on compare, dit-il, l'étendue des marais à celle du pays, qui est de 27,830 lieues carrées, on découvre cette effrayante proportion, que les marais occupent la quatre-vingt-septième partie du territoire. Qu'on fasse des enquêtes sur les lieux ou des recherches dans les registres publics, et on acquerra la certitude que dans les campagnes de ces départements le chiffre de la mortalité, proportion gardée, est supérieur à celui des autres, et le chiffre de l'accroissement de la population inférieur... Évaluez la valeur de cette étendue, et supposez-en le revenu à 50 fr. l'hectare seulement, — le revenu total sera de 44 millions ; si vous le calculez sur le pied de 3 0/0, taux ordinaire des fermes, il présente un capital d'un milliard et demi. »

Dès le mois d'août 1790, la Constituante considérait les desséchements des marais « comme une des questions les plus urgentes et essentielles à entreprendre. » Dans le préambule de la loi du 26 décembre 1790, elle déclarait :

« Que l'un des premiers devoirs du gouvernement était de veiller à la conservation des citoyens, à l'accroissement de la population et à tout ce qui peut favoriser l'augmentation des subsistances.... Que le seul moyen de donner à la fortune publique tout le développement qu'elle peut acquérir est de mettre en culture toute l'étendue du territoire.... Qu'il est de la nature du pacte social que le droit sacré de propriété particulière, protégé par les lois, soit subordonné à l'intérêt général.... Enfin, qu'il résulte de ces principes que les marais, soit comme nuisibles, soit comme incultes, doivent fixer toute l'attention du Corps législatif... »

Malgré ces graves considérations, la question du défrichement des marais, abandonnée, ne commence qu'aujourd'hui à occuper les esprits, et elle en est encore au point où elle était en 1790.

Quant aux étangs, dit M. Edouard Gorges, tous les écrivains qui se sont occupés de cette question, le docteur Bottex, MM. Puvis, Varennes, etc., reconnaissent que l'on doit à leur formation l'abandon de la culture, l'appauvrissement du sol et la dégénérescence de la population : les miasmes qui se dégagent de leurs eaux fétides sont funestes non-seulement aux hommes et aux animaux, mais encore aux céréales.

On compte en France 200,000 hectares de terres couvertes par les étangs, produisant un revenu moyen de 10 fr. par hectare, tandis que les céréales rendent en moyenne 197 fr. par hectare...

« En donnant à chaque hectare une valeur de 500 fr., on obtient pour tous les étangs du royaume un capital de 100 millions. En supposant ces mêmes terrains couverts de prairies ou de céréales, il est facile d'admettre qu'ils vaudraient 2,000 fr. l'hectare, c'est-à-dire que le défrichement procurerait un bénéfice de 300 millions... Ces résultats sont incontestables, puisqu'ils reposent sur des faits. M. Puvis cite de nombreux exemples, qui tous ont produit de beaux bénéfices. Ainsi un étang qui alimentait un moulin, et dont le revenu n'était que de 300 fr., en a rendu 2,000 une fois converti en prairie. Un autre étang, affermé 1,000 fr., en rapporte aujourd'hui 6,000.

» L'étang de Marseillette, d'une superficie de 2,000 hectares, desséché par écoulement, forme actuellement quatorze fermes, toutes d'un produit considérable (1). »

V

LES ÉTANGS EN FRANCE.

este, voici, à ce sujet, le rapport sur l'état de la ombes (département de l'Ain), qui vient d'être présenté au Conseil général par le préfet, comte de Coëtlogon. L'état de la Dombes n'est pas une situation exceptionnelle dans notre pays; dans chaque contrée, nous dirons presque dans chaque département, il y a des marécages qui restent privés de culture et sont des foyers pestilentiels d'où s'*éruptionnent* des pestes et des fièvres qui déciment les populations. Reconnaissant le

---

(1) Jacques de Valserres.

caractère d'utilité générale du rapport de M. le comte de Coëtlogon, nous en donnons ici l'extrait suivant :

« A la porte de la grande cité lyonnaise, entre les florissantes vallées du Rhône, de la Saône et de l'Ain, et bornée au nord par les terres fertiles et ondulées de la Bresse, la Dombes insalubre présente sur son plateau resserré dix-huit mille hectares d'étangs.

» Au lieu de verdoyantes prairies et d'abondantes moissons, l'œil n'aperçoit, au centre de ce plateau élevé de 100 mètres au-dessus des rivières qui le bordent, et placé à la hauteur des collines qui dominent Lyon, que des eaux stagnantes d'où s'exhalent, durant l'été, des émanations marécageuses qui déciment les malheureux habitants ; pour compensation de leurs travaux, ces cultivateurs, minés par la fièvre, n'ont que d'incertaines récoltes achetées au prix de leur santé et souvent de leur vie.

» Devant un tel spectacle, en présence d'un résultat qui contraste si étrangement avec la saine fertilité des régions environnantes, on se demande si cet état est la suite fatale et irrémédiable de la nature même du sol, ou si des causes purement passagères et émanant de l'inertie ou de la volonté humaine occasionnent seules la déplorable condition de cette contrée.

» Heureusement pour l'avenir de ce pays, la réponse ne saurait être douteuse : l'aspect des lieux, leur élévation, la plus vulgaire connaissance des cultures et des traditions locales attestent que la nature n'est pour rien dans l'insalubrité de la Dombes. Tous ces terrains, submergés aujourd'hui, qui ont dans les eaux dont ils sont couverts une cause incessante de miasmes affectant l'organisation humaine, étaient autrefois cultivés et féconds comme le reste de la Bresse, qui fait partie du même plateau et dont la couche vé-

gétale est souvent moins épaisse que celle de la
Dombes. La main seule de l'homme a élevé des digues
et des chaussées pour arrêter les eaux pluviales et
pour former, dans ce terrain argilo-siliceux, les
étangs qui, peu à peu, de siècle en siècle, se sont
agrandis et multipliés jusqu'à couvrir enfin toute la
contrée, ainsi que nous le voyons de nos jours.

» Avec les étangs est venue l'insalubrité, et avec
l'insalubrité la diminution progressive de la population et l'infériorité de sa constitution physique ;
cette réduction à son tour poussait de plus en plus à
convertir les terres arables en étangs, puisque les
bras manquaient pour les cultiver.

» Il est donc constant, et l'aspect des lieux lui-
même le démontre, que cette transformation progressive est l'œuvre seule de la volonté et de l'industrie
humaines. Alors on se dit naturellement que nos pères
ont dû avoir un intérêt puissant pour agir ainsi, et
que, malgré l'insalubrité malheureusement trop con-
statée, il y aurait peut-être imprudence et témérité à
vouloir changer brusquement un mode de culture que
les siècles semblent avoir consacré et qui trouve encore des défenseurs de nos jours.

» Cette objection est, en effet, grave, et elle mérite
d'être soigneusement discutée. Pour le faire victorieu-
sement, je vais retracer rapidement l'historique de la
création des étangs et prouver que si, dans l'origine,
on s'y est livré avec quelque engouement, plus tard
on n'a fait que la subir comme une conséquence du
système dans lequel on était entré et de circonstances
économiques qui sont profondément modifiées de nos
jours.

» Dans un intéressant travail qu'il a fait paraître
récemment sur la Dombes, M. Guigue, élève de l'École

des chartes, dit qu'en groupant les matériaux historiques qui parlent de cette contrée, on la voit, jusqu'au **xiv**ᵉ siècle, couverte de bois nombreux, fractionnée en un grand nombre de fiefs, de *villus* et de *mas* dont nous connaissons les dépendances, et qui, confinés les uns par les autres, laissaient fort peu de place aux étangs dans les paroisses qui ont aujourd'hui le plus de terrain inondé. Il en existait cependant quelques-uns dus à la nature même du terrain argilo siliceux de la Dombes, qui résiste aux infiltrations des eaux pluviales et qui permet, par conséquent, de retenir plus facilement ces eaux par des chaussées.

» Cette facilité de créer les étangs dans un pays où les bras manquaient, par suite, disent les historiens, des guerres et des invasions meurtrières des Sarrasins et des Hongrois qui ravagèrent le pays, ainsi que des famines et émigrations en Terre-Sainte qui enlevèrent une grande partie de la population, poussa peu à peu les propriétaires du sol à créer de nouveaux étangs ; ils en tiraient sans travail et surtout sans engrais tour à tour des récoltes passables et des poissons dont ils trouvaient alors un facile et lucratif écoulement. Une fois l'exemple donné et le succès des premiers étangs connu, ils se multiplièrent avec une prodigieuse rapidité, encouragés encore par les prérogatives, les priviléges et les droits accordés à leurs propriétaires. Ce fut alors, et par l'effet même de cette multiplication illimitée, que se produisirent plus spécialement leurs funestes résultats, et l'insalubrité augmenta avec le nombre de ces foyers d'infection. La dépopulation s'accrut promptement, et les bras qui manquaient déjà devinrent encore plus rares.

» Dans cette période fatale où le propriétaire était contraint, à raison même de la rareté de la populat on, à admettre un système de culture qui rendait impossible la reconstitution d'une population valide et normale, et qui aggravait ainsi le mal au moyen d'un expédient inhumain, les étangs prirent un nouvel accroissement. Les grands propriétaires abandonnèrent leurs terres, où leur présence aurait pu, par un emploi intelligent du revenu, combattre le mal, le neutraliser où l'amoindrir, et ils laissèrent la gestion de leurs propriétés à des fermiers généraux, à des intendants qui n'eurent plus qu'un but, celui de les éloigner, et de faire rendre à la terre, dans la position précaire et insalubre où elle se trouvait, tout ce qu'elle était susceptible de rendre. Si l'on évaluait aujourd'hui, dit M. Lamairesse, les travaux qui furent exécutés pour transformer d'excellentes terres en étangs insalubres, on arriverait à des sommes bien supérieures à celles qui seraient nécessaires pour convertir en terres excellentes les surfaces inondées. — Mais n'anticipons pas.

» Ce que je tenais à prouver, c'est que les hommes seuls avaient créé cet état de choses, qu'ils l'avaient créé, forcés par les circonstances et par le manque de bras, et qu'ils n'avaient persévéré dans cette voie que parce que la dépopulation, loin de s'arrêter, avait augmenté ; ajoutons que l'on trouvait à cette époque, dans la vente du poisson, des bénéfices considérables.

» Ces raisons, qui, malgré l'influence meurtrière des étangs, avaient un grand poids, ont disparu aujourd'hui ; si les bras sont encore rares en Dombes, ils ne manquent pas du moins dans le reste de la France et dans les pays voisins. Déjà, depuis trente ans, la population s'est accrue et a presque doublé dans les communes du pays d'étangs qui sont traversées par la route impériale de Lyon à Strasbourg, Villars, Saint-Paul-de-Varax, Saint-André-de-Corcy, Marlieux, Saint-Marcel, Mionnay et Rillieux : chose remarquable, elle a progressé partout dans ce pays, en raison directe de la viabilité.

» De plus, la population abondante et resserrée du rivage de la Saône et du Rhône, aux abords de Lyon, a déjà étendu ses possessions et ses cultures sur le plateau ; elle a acquis, assaini des terres, et resserré de plus en plus le pays d'étangs par le desséchement de ses lisières.

» D'autre part, la culture, les instruments de travail, l'industrie agricole, ont fait tant de progrès. de nos jours, que le défaut de travailleurs perdrait même de son importance, dans un pays surtout où les propriétés offrent un champ précieux à la grande culture. On ne peut plus craindre, du reste, la dépopulation ni l'infériorité locale de la constitutiom physique de l'homme, puisqu'elles disparaîtront avec l'insalubrité.

» Quant à l'intérêt des propriétaires et aux bénéfices que procurait la vente du poisson, cette raison, d'une valeur relative, tombe aujourd'hui, soit devant les droits d'octroi dont ce produit est frappé à Lyon, soit, surtout, devant la concurrence du poisson de mer, qui a fait descendre, des tables plus riches à l'alimentation du peuple, le poisson peu estimé qui vit dans les étangs. Autrefois, les propriétaires d'étangs trouvaient un facile débouché dans un pays où s'élevaient de nombreux couvents, et où l'abstinence était plus sévèrement observée, en même temps que la marée ne pouvait arriver qu'à grands frais et fort rarement dans l'intérieur de la France. Aujourd'hui, les conditions sont bien changées : les produits des étangs, considérablement diminués comme valeur, se vendent diffici-

lement; les poissons de mer, ceux de nos fleuves e
de nos rivières, apportés rapidement par les chemins
de fer, prennent leur place sur les marchés. Le produit des étangs, de jour en jour avili, n'est donc plus
un revenu assuré; il ne reste de ce mode de culture
que l'avantage de l'engrais naturel produit par le sé-
jour des eaux. Mais cet avantage ne saurait suffire pour
motiver la conservation d'un ordre de choses à l'insalubrité duquel tant de considérations assignent un
terme prochain, et une culture pastorale peut repro-
duire l'engrais avec profit.

» Aussi l'esprit public et les administrateurs se sont
de plus en plus préoccupés de faire cesser l'hécatombe
que semblaient réclamer, chaque année, dans ce pays,
une tradition fâcheuse et la continuation d'un régime
d'exploitation qui allait devenir infructueux.

» Après des études diverses et une polémique prolon-
gée, des commissions d'enquête ont été établies ou
consultées par l'administration; elles ont constaté le
mal et ses causes, en exprimant le vœu que le gouvernement voulût bien aider à l'opération du desséchement progressif amené par la conviction. Le Conseil général a sanctionné cette pensée.

» L'intervention de la puissance gouvernementale était,
en effet, nécessaire pour donner l'impulsion à de
grands travaux et pour dominer le croisement ou les
hésitations des intérêts privés. C'était là une mission
séduisante pour le gouvernement de l'Empereur, qui
semble appelé à régénérer la face de nos villes, et
qui ne s'applique pas avec une moindre sollicitude à
porter le progrès et l'amélioration dans les contrées
déshéritées.

» L'administration, tout en comprenant les difficultés
de sa tâche, entra résolûment dans une voie qui de-

vait non-seulement faire disparaître les causes d'insalubrité, mais encore rendre à la culture ordinaire une contrée dont la fécondité remboursera largement les avances de fonds, et paiera les travaux faits avec intelligence et esprit de suite. Elle connaissait les mesures préliminaires qu'il convenait de prendre, les arrêtés qu'elle devait formuler, les lois qu'il fallait obtenir, la subvention et le secours qui étaient impérieusement nécessaires; et elle ne s'effraya pas de ces besoins et de ces difficultés pratiques, car elle connaissait aussi l'inépuisable bienveillance de l'Empereur pour tout ce qui touche aux améliorations agricoles et au bien-être des populations; elle savait qu'elle trouverait dans la haute région du pouvoir le secours et l'appui dont elle aurait besoin. Ses prévisions se sont pleinement accomplies, et nous marchons aujourd'hui à grands pas vers un succès prochain.

» Nous allons analyser succinctement ce qui a été fait et ce qui se prépare :

» D'abord un service spécial et permanent a été organisé pour la Dombes, avec un budget annuel de 100,000 fr. Ce service a été confié à un ingénieur chargé d'étudier à fond tout ce qui concerne le régime des eaux, de diriger ensuite les opérations et les travaux. Cet ingénieur s'est d'abord activement occupé de la rédaction et de la gravure d'une carte hydrographique de la Dombes, dans laquelle les propriétaires trouveront des indications indispensables pour le nivellement des propriétés, pour le drainage des terres, pour l'assainissement, l'amélioration et la création des prairies, et pour l'écoulement des eaux.

» Ensuite vient, en première ligne, l'amélioration du régime des cours d'eau : les curages, divisés en bassins, sont entrepris et s'exécutent sous la direction de

nombreux syndicats aidés par les subventions de l'É-
tat. Cette utile et indispensable mesure, tout en pré-
parant pour l'avenir le facile écoulement des eaux, a
déjà, en outre, le précieux avantage d'assainir les parties basses des prairies traversées, et de faire disparaître bien des marécages. Mais souvent, il faut le dire,
ces travaux rencontrent des difficultés presque insur-
montables que l'administration ne parvient pas facilement à lever. En effet, par suite d'abus séculaires, les
anciens lits des ruisseaux ont disparu pour faire place
à des canaux artificiels, à des lits détournés du *thal-
weg* des vallées, et qui, le plus souvent, sont obstruées
par les anticipations successives des riverains, ou même
par de simples atterrissements difficiles à reconnaître.
Les simples curages resteraient donc le plus souvent
inefficaces, si l'on n'avait pas recours aux travaux extraordinaires d'élargissement ou de redressement. D'un
autre côté, il est si difficile d'assigner les limites et
même une définition certaine à ce que l'on entend par
le curage à vieux sol et à vieux bords, qu'il suffit
toujours du mauvais vouloir de riverains pour entraver
la marche de l'opération et amener de regrettables
lenteurs. Tout le monde le sent et le dit.

» Une nouvelle loi est donc nécessaire pour régler les
curages et la police des cours d'eau. Cette loi, qui
emprunterait une partie de ses dispositions à la loi de
1836 sur les chemins vicinaux et attribuerait au préfet
une autorité complète sur les questions concernant le
curage, le redressement et l'élargissement des cours
d'eau, ferait quelque chose de régulier, de précis, de
périodique, enfin de complet, dans une matière où
tout semble incomplet, irrégulier pour le temps, in-
certain ou difficile pour les moyens d'exécution. Cette
loi, désirée partout, a été immédiatement préparée par

l'administration, et aujourd'hui le projet élaboré, arrêté, n'attend plus que la sanction prochaine du Conseil d'État et du Corps législatif.

» Ce n'était pas assez : on objectait encore avec raison que le pays était privé de chemins, que les bras et les ressources manquaient pour les créer au moyen des prestations, et qu'ainsi ni les engrais, ni les amendements pour le sol, ni les pierres et les bois pour des constructions nouvelles ne pourraient de longtemps arriver au cœur de la contrée, en même temps que sa condition resterait des plus onéreuses pour l'exportation de ses produits.

» On donnait comme exemple de l'heureuse influence du développement de la viabilité, l'établissement de la route impériale n° 83, qui traverse aujourd'hui le cœur du pays d'étangs : sur son parcours se sont créés, développés ou agrandis tous les centres de population; les habitants des pays voisins ont été attirés par la facilité de construire des habitations saines et commodes, par le développement des industries locales et de l'exploitation agricole ; le nombre des étangs s'est réduit; les chaulages se sont étendus; les prairies naturelles ou artificielles se sont multipliées.

» Il fallait donc ouvrir dans la contrée des chemins secondaires qui la vivifiassent, en se dirigeant vers les marchés de la grande ville voisine ou vers les rivières et les chemins de fer qui bordent le pays.

» Ces chemins agricoles, que les prestations auraient été impuissantes à créer, ont été classés par ordre d'intérêt et mis immédiatement en voie d'exécution. De nouvelles adjudications, plus importantes que les précédentes, hâteront l'achèvement de ces nouvelles lignes, et donneront bientôt à la contrée les facilités d'exploitation et de construction qui lui manquent et qui doivent aider si puissamment à son amélioration.

» Voilà donc déjà, depuis que l'administration départementale a pris en main cette importante affaire, les premiers et les principaux obstacles aplanis ; les autres vont disparaître de même.

» En effet, à la date du 12 janvier 1854, l'administration préfectorale, poussée par la force même des choses, et je ne dirai pas seulement par le droit, mais encore par le devoir qui lui incombe, a pris un arrêté pour réglementer la police générale des étangs ; et ce règlement, qui, tout en respectant le principe de la propriété, sauvegarde en même temps l'intérêt général et la salubrité publique, obtenait immédiatement la haute approbation de S. Exc. le ministre des travaux publics et celle du Conseil général des ponts et chaussées.

» Mais le desséchement des étangs soulève des questions épineuses de propriété ou de jouissance ; car cette nature de fonds est grevée à l'infini de servitudes établies soit au profit d'étangs voisins, soit au profit d'immeubles d'une nature différente et qui sont souvent la propriété de plusieurs ; l'*assec* et l'*évolage* le plus souvent ne sont dans les mêmes mains que par parties, et le droit à l'eau, comme la jouissance de la terre en assec, se morcellent entre des intéressés divers.

» Avant tout, il fallait liquider les droits de chacun, et le seul mode pour faire cesser ce morcellement de l'*assec* et de l'*évolage*, qui est un obstacle au desséchement, est la licitation qui à son tour entraîne des lenteurs et des frais ruineux. L'administration, quoique armée de la loi de 1792 et d'un récent arrêté qu'elle avait pris, reculait devant l'exécution ; placée entre la ruine des propriétaires et l'impérieux devoir de sauvegarder la salubrité publique, elle hésitait à supprimer ce foyer de miasmes méphitiques.

» Une loi était nécessaire, qui, d'une part, rendît irréfragable ce point de droit de la licitation et pour son application réduisît les frais de justice, et qui, en même temps, posât des bases pour le rachat des servitudes.

» Afin de coordonner ces mesures, S. Exc. le ministre des travaux publics, heureux d'encourager toutes les améliorations et de prouver hautement l'intérêt qu'il porte à ce pays, chargea l'administration départementale de préparer le projet de loi ; ce qu'elle s'empressa de faire avec le concours de jurisconsultes distingués de Bourg. Ce projet, après avoir reçu la haute approbation de LL. EExc. MM. les ministres des travaux publics, de la justice et des finances, est aujourd'hui soumis au Conseil d'État et se trouve en tête de l'ordre du jour des séances de cette assemblée. Si la loi n'a pas été portée à la dernière session du Corps législatif, c'est que des circonstances imprévues sont venues en retarder la présentation ; mais nous avons l'assurance qu'elle sera soumise l'une des premières à la délibération des chambres. Ainsi disparaîtra une des plus grandes difficultés de l'œuvre nouvelle.

» Les étangs desséchés devaient, par la nature même de leur sol, conserver longtemps encore une pernicieuse humidité : aussitôt l'administration s'en est préoccupée, et le drainage qui, dans la Dombes insalubre et dans les deux tiers du département, est appelé à rendre tant de services, a été immédiatement organisé sur des bases tellement larges, que son application peut suffire à tous les besoins.

» C'est encore la main du gouvernement de l'Empereur qui se fait sentir dans ce nouveau bienfait, et cet encouragement donné à l'agriculture n'est presque pas onéreux au département, puisque S. Exc. le ministre des travaux publics, de l'agriculture et du commerce s'est empressé d'accorder les subventions nécessaires afin de rétribuer les services d'un ingénieur draineur pour former et instruire à l'école de la Saulsaie des chefs d'ateliers poseurs, et pour distribuer enfin, partout où elles étaient nécessaires, des machines à fabriquer les tuyaux; les autres et dernières charges de l'organisation du drainage sont acceptées par le Conseil général, qui vote, malgré la pénurie de ses ressources, des sommes assez considérables pour fonder définitivement cet important service. »

VI

IMPORTANCE DU DRAINAGE EN FRANCE.

Le drainage, qui fertilise les terres, est nécessaire en France, parce que nos récoltes ne suffisent pas à notre consommation, et que le sol, refait et enrichi par les opérations d'assainissement, diminuera le déficit de nos récoltes s'il ne parvient pas à l'éteindre entièrement.

Il existe en France plus d'un préjugé, mais le plus curieux est peut-être celui qui nous porte à croire que dans les années abondantes nos récoltes excèdent, et de beaucoup, les besoins de la consommation, et comblent, par conséquent, les années de disette.

Ce préjugé, notre siècle l'a remis à la mode; mais il date de loin, il est vieux et fané; il a été dénoncé par Sully :

« La France, écrit-il, rapporte dans les années ordinaires, du blé pour treize mois, pour dix mois seulement dans les années faibles; les bonnes assurent la subsistance pendant quatre cent cinquante jours ou trois mois plus que l'année; mais je sais combien, dans ce cas, l'abondance amène promptement le gaspillage qu'elle permet et la négligence qu'elle entraîne. »

Une simple comparaison entre la production et la consommation de la France, dit M. Édouard Gorges, à qui nous empruntons les détails suivants, suffira pour nous convaincre.

La Flandre, la Picardie, la Beauce, le Berri, sont les provinces qui produisent les récoltes les plus abondantes; mais les plus beaux blés sont ceux du Dauphiné, du Languedoc et de la Provence. Le département du Nord donne en moyenne 20 hectolitres par hectare; — la Dordogne, 4 hectolitres. La moyenne du rendement des céréales est de 12 hectolitres 45 litres pour le froment.

On évalue au chiffre rond de 14 millions d'hectares l'étendue du sol consacré à la culture des diverses céréales. Ces 14 millions d'hectares produisent, année commune, 182 millions d'hectolitres évalués à 2 milliards de francs. Les céréales, si elles étaient également divisées, donneraient pour chaque individu 2 hectolitres 71 litres, ou trois cent vingt-huit rations de pain par an; mais dans ces chiffres il faut comprendre les malheureux qui ne vivent que de seigle, d'avoine, d'orge ou de maïs, ce qui réduit à dix-neuf millions le nombre d'individus se nourrissant de froment pur.

« Les récoltes des années 1846 et 1853 sont loin d'avoir suffi aux besoins de la France, et près de 600 millions de francs ont été employés à se procurer des céréales de l'étranger. Notre gouvernement, après avoir pourvu avec autant d'intelligence que d'activité aux nécessités de la situation, s'est appliqué à rechercher les causes de ces disettes périodiques, ainsi que les moyens d'y apporter remède.

Il a été constaté que l'insuffisance de production avait presque toujours coïncidé avec des saisons pluvieuses, et que le mal s'était principalement fait sentir dans les terres argileuses.

Ces terres, si fertiles pendant les années suffisamment sèches, ont été, en 1846 et 1853, frappées d'une telle stérilité, que les fermiers n'ont pu guère apporter sur les marchés que la moitié de l'approvisionnement ordinaire : d'où l'on doit tirer cette conséquence, que les moyens employés dans notre pays pour l'asséchement des terres humides sont complétement insuffisants. Et il ne faut pas croire que ces terrains soient en minime proportion parmi les terres cultivables de notre France ; les études géologiques démontrent que les terrains qui retiennent l'eau, soit dans leur couche arable, soit dans leur sous-sol, s'élèvent à la quantité de près de dix millions d'hectares, le quart environ des terres livrées à la culture.

Supposez un moment que ces dix millions d'hectares aient été, par l'asséchement et la bonne culture, amenés à leur maximum de production, que le quart seulement ait été semé en céréales, et vous aurez une augmentation que, dans les années humides, on ne peut évaluer à moins de vingt-cinq millions d'hectolitres de grains en plus de ce qui a été produit en 1846 et 1853.

Les renseignements nombreux et précis fournis à la commission établissent d'une manière irrécusable que les terres drainées ont produit, dans l'année humide de 1853, de huit à dix hectolitres de plus, dans les mêmes conditions, que les terres non drainées.

Aujourd'hui, le drainage est apprécié. Ce qui rebute

encore nos fermiers et nos propriétaires, c'est la difficulté d'attirer à la campagne des ouvriers tout dressés,
sachant et pouvant exécuter avec économie les travaux
du drainage; mais les ouvriers commencent à accourir
d'eux-mêmes au travail et désertent les villes pour aider
le cultivateur. L'éducation familiarise les générations
qui s'élèvent, avec ses avantages et ses procédés; les
écoles primaires, les chefs d'institutions, les frères de
la doctrine chrétienne, le clergé français, les agents
voyers, tous les hommes de cœur et d'intelligence
s'occupent de le vulgariser. Le gouvernement, qui imprime l'impulsion à tout en France, l'a déjà pris sous
son efficace protection : il a distribué des encouragements par l'intermédiaire du ministre de l'agriculture,
du commerce et des travaux publics; sur le milliard à
peu près promis à l'agriculture, 100 millions ont été
affectés par lui aux travaux de drainage; il a obtenu
des Compagnies de chemin de fer une promesse de
réduction pour le transport des tuyaux, et il a prouvé
l'initiative qu'il voulait prendre dans cette question
importante, par la loi qui, présentée par lui et votée
par le Corps législatif et le Sénat, a enfin été promul-
guée. Avec de tels éléments, nous ne pouvons que
marcher glorieusement dans la voie nouvelle à la
suite d'abord et bientôt à l'égal de l'Angleterre.

Néanmoins, il ne faut pas l'oublier, la situation géologique de la France et celle de l'Angleterre diffèrent
essentiellement, et nous ne sommes pas en mesure de
payer d'inutiles expérimentations; nous ne saurions
donc nous trop tenir en garde contre l'exagération qui
peut nous entraîner en cette occasion. Le drainage,
dit M. Nérée-Boubée, à propos des 100 millions affectés
aux travaux d'irrigation souterraine, le drainage est un
bon et puissant moyen d'amélioration foncière qui,

dans beaucoup de cas, suffit à lui seul pour fertiliser complétement un sol jusque-là rebelle à tous les tra-vaux de la culture. Mais au milieu de l'engouement que va développer infailliblement cette large libéralité, il serait parfaitement superflu de prôner le drainage et de raconter à tout propos ses effets merveilleux; il sera beaucoup plus utile, au contraire, de tenir en garde les agriculteurs contre les dangers d'un tel engouement, et de leur rappeler que le drainage est un lessi-vage incessant du sol, et par suite, une cause d'appau-vrissement rapide pour le sol et une manière d'user la terre et de la dépouiller de ses éléments naturels de fertilité en un nombre d'années moitié moindre, d'où il faut conclure, non pas qu'on doit renoncer au drai-nage, mais qu'il importe à un haut degré de ne l'ap-pliquer qu'aux seules terres qui le réclament *absolu-ment*, et qui ne sauraient être amendées par *aucun* autre moyen. Voilà la règle; la suivra-t-on? Assurément non; et nous mettons en fait que, parmi les terres qu'on a drainées jusqu'ici et parmi celles que l'on s'empressera de drainer, grâce aux 100 millions affectés au drainage, il y en aura plus de la moitié auxquelles le drainage sera beaucoup plus nuisible qu'utile. Malheureusement on ne reconnaîtra le mal que lorsqu'il ne sera peut-être plus temps d'y porter remède.

TROISIÈME PARTIE.

MACHINES POUR LA CONSTRUCTION DES TUYAUX DE DRAINAGE.

I

MÉCANISME GÉNÉRAL.

La vulgarisation rapide du drainage dans ces derniers temps et l'expansion immense que tend à prendre chaque jour ce procédé, sont le résultat de l'application des tuyaux de terre cuite en remplacement des fascines, graviers et autres matériaux employés jadis ; cette vulgarisation est due surtout à l'invention des machines qui permettent de produire, avec une dépense relativement économique, une quantité de tuyaux en rapport avec la consommation énorme qu'exige le drainage. Le public l'a compris; aussi les machines à monter les tuyaux de drainage excitent-elles depuis quelques années la curiosité générale. Elles jouissent d'une immense popularité, et il n'est pas de comice agricole qui n'ait voulu posséder la sienne, quitte même à n'en tirer aucun service.

L'émulation des fabricants a donc nécessairement été stimulée par le désir d'arriver à la fabrication économique des machines à étirer les tuyaux de drainage.

On ignore l'époque précise à laquelle les drains ont été pour la première fois construits en briques et en tuiles. Longtemps on les a fabriqués à la main, et les machines n'en ont confectionné qu'à partir de 1842. L'emploi des tuiles courbes en forme de gouttières, placées contre des tuiles plates, nécessita d'abord des appareils compliqués et produisant les deux espèces de tubes; mais, en 1843, M. Read exposa au concours agricole de Derby des tuyaux et la machine qui les avait produits. Cette machine fut copiée, et les imitateurs, devenus créateurs, modifièrent chaque jour le type primitif. Les encouragements promis par la Société royale d'agriculture de Londres, portèrent l'émulation des fabricants à l'enthousiasme, et l'exposition d'York étalait 34 machines différentes. Les progrès qui ont été constatés en Angleterre ont marché en grandissant; les machines se multiplient; des mécaniciens célèbres, parmi lesquels on remarque surtout les hommes dont les comices agricoles ont récompensé l'habileté entreprenante par des prix nombreux, se sont livrés uniquement à des recherches sérieuses sur la confection à bas prix des tubes de drainage et sur la simplification des machines propres à atteindre ce but. La France n'est pas restée en arrière; elle a suivi l'impulsion générale, et elle est au niveau des progrès obtenus; on peut s'en assurer à l'exposition agricole du palais de l'Industrie.

Les machines à étirer les tuyaux de drainage sont construites d'après le système des appareils au moyen desquels on confectionne les poteries; elles sont composées d'un réservoir cylindrique ou coffre en fonte ou en tôle, portant des ouvertures latérales, destinées, l'une à l'introduction de la terre, l'autre à l'aménagement de trous qui servent de filières, et dans lesquels les tubes viennent se mouler.

La terre est pressée soit par des cylindres, soit par des pistons, ce qui divise naturellement ces machines en deux classes, dont l'une est celle des machines à cylindre, à action continue; l'autre, celle des machines à piston cylindrique ou carré, dont l'action est intermittente.

Les machines à cylindre et à action continue ont eu leur apogée avec la machine d'Ainslie, qui, perfectionnée par M. Tackeray et construite par M. Laurent, est depuis longtemps connue en France et y est toujours restée en faveur. La terre déposée sur une toile sans fin est amenée entre deux cylindres, et de là poussée dans une caisse garnie latéralement, ici de deux cylindres qui la tiennent constamment munie, là d'une paroi percée de trous que la terre traverse et d'où elle émane moulée en tubes. La terre arrive d'un côté et sort de l'autre en tuyaux, sans discontinuer, tant qu'elle ne fait pas défaut à la toile sur laquelle elle est déposée et tant que les cylindres marchent.

Les machines à action intermittente ont produit leur chef-d'œuvre dans la machine de M. Scragg, qui est formée de deux boîtes rectangulaires, animées intérieurement chacune de son piston. Un mouvement opposé stimule les pistons; quand l'un s'enfonce, l'autre opère son retrait, et chaque boîte est alternativement remplie dans le temps où le jeu du piston la laisse vide. La machine est mise en mouvement par une manivelle poussée alternativement à droite et à gauche, selon le piston qui doit être impulsé.

La machine de Brodie, construite par John Dovie, a reçu le premier prix comme étant la meilleure de celles qui ont été présentées au dernier concours de la Société d'agriculture d'Écosse, le 1er août 1850. Elle est ménagée à double effet et à pistons rectangulaires, alternativement poussés vers chacune des deux plaques à matrices, en sorte que l'on charge l'une des caisses horizontales pendant que l'autre se vide. Les bâtis sont montés sur roues et construits tout en fonte. L'argile est passée dans un cylindre corroyeur, puis dégagée dans la machine même, au moyen d'une grille, de ses pierrailles, de ses cailloux et des saletés.

M. de Tillancourt, dans une communication faite il y a un an à peu près, à la Société impériale et centrale d'agriculture de Paris, expose qu'il avait vu à Château-Thierry une petite machine fonctionnant très-bien et ne coûtant que 200 francs. C'était là tout un progrès; car les machines à fabriquer les tuyaux sont d'un prix peu abordable. L'appareil Bertin-Godet, prôné par M. Tillancourt, a obtenu de nombreuses récompenses; il est destiné à la petite propriété et commode à celui qui veut lui-même faire ses tuyaux et opérer en petit. Il est composé d'une caisse de bois, fermée par une porte à fort loquet et supportée par un bâti solide; la boîte est munie intérieurement d'un piston carré qui la remplit, et qui, mû par un grand levier, pousse la glaise vers les filières, d'où elle sort toute moulée en tuyaux et s'allongeant sur les rouleaux du tablier que l'on fait tourner à cet effet. Cette machine a besoin de perfectionnements, obtenus sans doute en ce moment par l'inventeur.

Les machines à piston, bien qu'on leur reproche que leurs produits ne soient pas exempts, en général, de fissures et de trous (dus à la force expansive de l'air comprimé qui s'y trouve constamment), obtiennent maintenant une préférence marquée. Toutes celles que l'on a exposées au palais de l'Industrie méritent d'être mentionnées. Nous appuyons un peu sur leur mécanisme pour compléter ce que nous en avons déjà dit.

Ces appareils opèrent au moyen d'un piston chargé de refouler la terre dans un espace qui en est préalablement gorgé. La terre malaxée est chassée par cette pression dans une boîte munie de filières ou de moules d'un modèle choisi; elle traverse ces filières, s'en assimile la forme et s'échappe en ruban continu de tuyaux qui vont tomber sur une plate-forme composée d'une suite de tabliers mobiles, et tournant chacun sur un axe, où, avec un fil de fer, on les coupe à la longueur voulue.

A mesure que le tuyau sans fin se confectionne, s'avance sur le tablier et se subdivise en sections similaires, on les enlève au moyen d'une fourchette de bois dont les dents cylindriques sont en nombre égal à celui des tuyaux simultanément produits par la machine. Chaque dent de la fourche est introduite dans un tuyau et s'en dégage au séchoir, qui consiste en une série de claies convenablement disposées, ou mieux, en tringles plus ou moins fortes, selon la densité des tuyaux qu'elles doivent supporter, et rangées en étagères dans des hangars où l'air circule vivement.

II

MACHINES EXPOSÉES AU PALAIS DE L'INDUSTRIE.

Tous les appareils fournissent les tubes des formes différentes dont on a besoin, selon les matrices que l'on place devant les cylindres fouleurs ou devant les pistons. Pour les desservir, il n'est besoin que de l'aide du garçon qui coupe et emporte les tuyaux, et d'un homme chargé de remplir de terre la boîte à mesure qu'elle se vide, et, simultanément, de faire tourner la manivelle.

On peut, avec ces appareils, produire des masses considérables de tuyaux, dont le nombre peut être doublé par une simple modification qui consiste à faire fonctionner la machine dans les deux sens à l'aide d'une seconde boîte et d'un second piston. Il existe des appareils qui fabriquent en un jour jusqu'à 15,000 tubes, longs chacun de 0m,30 à 0m,32. 7 ou 800 fr. suffisent à l'achat d'une machine qui fournit de 4 à 5,000 tuyaux par jour.

C'est à des mécaniciens anglais et à des français que nous sommes redevables de la plus nombreuse partie des machines exposées au palais de l'Industrie. Nous citerons la machine de Whitehead, qui est remarquable par sa simplicité, et comme toutes les machines de ce fabricant, par la solidité de sa construction et la fermeture hermétique de son couvercle au moyen de trois grosses griffes qui s'attachent au bord supérieur; une disposition particulière permet de la confier à un ouvrier inexpérimenté sans qu'on ait à redouter sa maladresse : la première et la dernière dent de l'engrenage de l'arbre qui poussent le piston sont mobiles et ne servent que de dents de rappel : il en résulte que quand l'arbre est arrivé au bout de sa course, le pignon cesse d'agir sans choc ni secousse. (Voir *fig.* 1.)

M. Clayton a exposé une machine qui diffère peu de celle de M. Whitehead, et une autre machine verticale qui diffère du système que nous avons décrit par la place horizontale qui occupe la filière; cette machine est également solidement construite. Les unes et les autres sont patronnées par la Société royale d'agriculture d'Angleterre, recommandées par toutes les illustrations agricoles, et médaillées en Angleterre, en

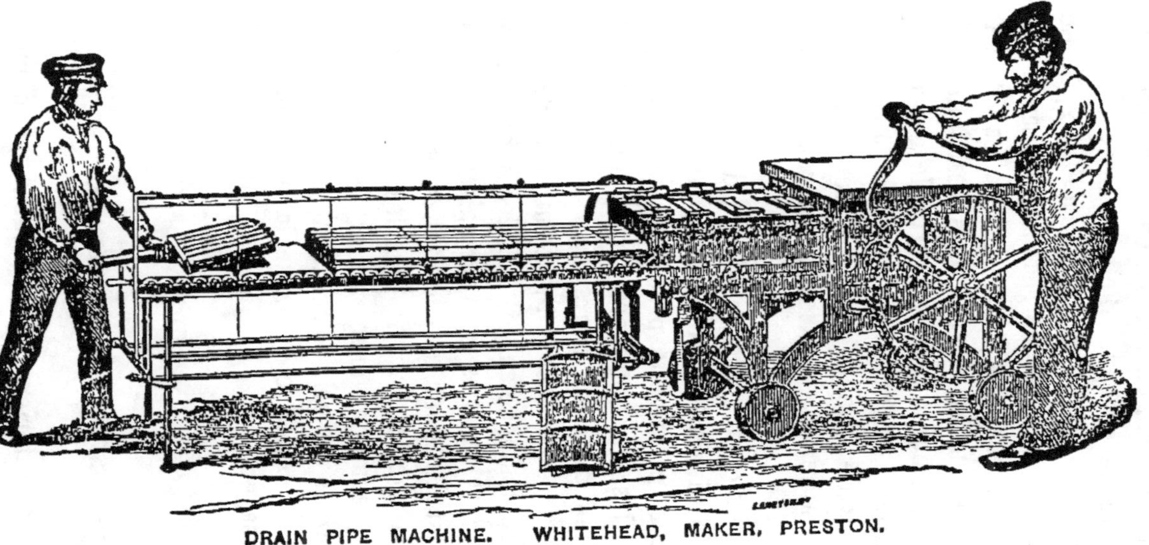

DRAIN PIPE MACHINE.   WHITEHEAD, MAKER, PRESTON.

(*Fig. 1.*) — MACHINE POUR FABRIQUER LES TUYAUX DE DRAINAGE.

Belgique, en France, en Prusse, etc., etc. Nous donnons ici un dessin de chacune d'elles, ainsi que du *malaxeur* qui sert à préparer l'argile (*Fig.* 2, 3, 4 et 5.)

En France, nous citerons MM. Barret, Laurent, Calla, dont les machines rivalisent avec celles de l'Angleterre; nous louerons surtout sans restriction la machine française horizontale et verticale qui a mérité à M. A. Roullier, son inventeur, des médailles d'argent aux concours de Chelles et de la Ferté-sous-Jouarre, et une médaille de bronze au concours général de Paris.

Cette machine présente l'avantage d'épurer la terre avant que le piston la refoule dans la filière, et de ne pas réclamer, pour cette préalable opération, plus de temps que les machines ordinaires, qui n'en coûtent pas cependant meilleur marché.

Plusieurs circonstances influent sur la perfection des machines. En les achetant, il faut les faire fonctionner et s'assurer : 1° qu'elles peuvent agir sur de la terre assez consistante pour que les tubes ne se déforment pas après la fabrication ; 2° que les tuyaux coupés avec netteté s'adaptent exactement ; 3° que le travail est proportionné au prix d'achat et surtout à la dépense de force motrice qu'exige la machine dont on veut faire usage.

III

CONFECTION DES TUYAUX.

Le diamètre intérieur des tuyaux est d'une influence immense sur l'efficacité du drainage, et leur fabrication exige des soins attentifs et minutieux. On a généralement délaissé le diamètre jadis tant préconisé de 0^m,025 comme étant trop petit, et on l'a réservé pour les tubes cylindriques de 0^m,30, 0^m,35 de longueur. On emploie maintenant plus communément des tubes de 0^m,036, 0^m,044, 0^m,051. Ces derniers sont plus généralement adoptés pour les grandes longueurs.

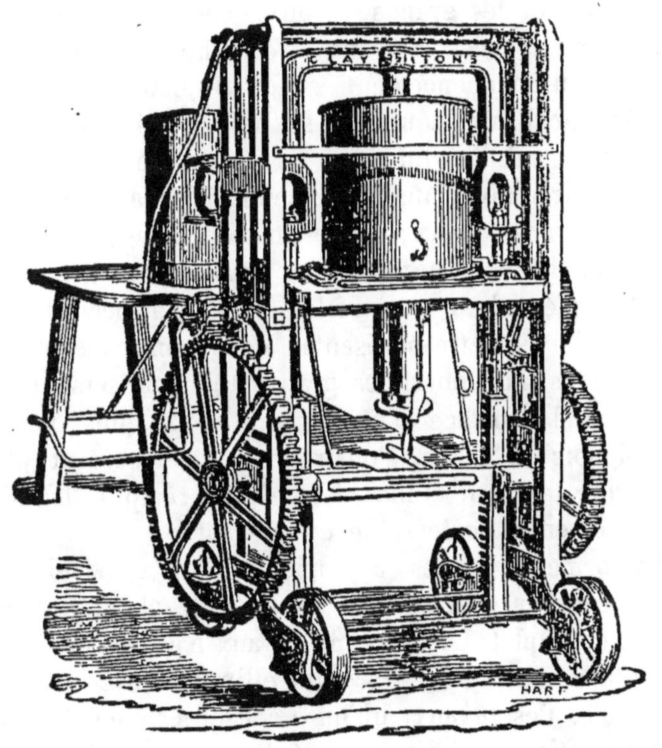

(*Fig. 2.*) — MACHINE VERTICALE POUR LES TUYAUX A DOUILLES.

Lorsqu'on emploie les tuyaux de 0^m,044, au delà d'une longueur de 200 mètres et jusqu'à 400, il faut placer des tuyaux plus grands d'un quart et présentant un diamètre intérieur de 0^m,055 ; au delà et jusqu'à 600 mètres, on doit l'augmenter et le porter même à

0^m,062. Quant aux tuyaux communs destinés à recevoir l'écoulement des eaux versées par les tubes af-
fluents, ils sont d'une plus grande largeur, et leur
diamètre variable doit être proportionné au nombre
de petits tuyaux dont ils recueillent le jaillissement.

On s'engoue à divers points de vue, tantôt des petits
tubes, tantôt des grands tuyaux. Les drains longs et
largement espacés doivent être munis de tuyaux de
0^m,025 au commencement et de 0^m,030 à la fin : tel
est le calcul sur lequel on se base d'ordinaire. Il ne
faut pas oublier que la surface d'écoulement des
tuyaux circulaires augmente comme le carré des diamètres de ces tuyaux ; que si un tube de 0^m,050 écoule
les eaux de deux hectares en surface, un tube de
0^m,025 n'écoulera que celles d'un demi-hectare. Les
tuyaux doivent être suffisants, mais non excéder des
dimensions moyennes. Les grands tubes présentant une
plus grande surface d'écoulement, sont plus faciles
aux dépôts de terres, s'obstruent vite et coûtent plus
cher que les petits tubes dont l'eau remplit le diamètre et entraîne le sable en courant.

La forme des tubes a varié ; on a construit des
tuiles courbes qui, réunies à une tuile plate, forment
le tube complet. Ce genre de tuyaux n'a pas prévalu ;
on en a confectionné à section elliptique avec embase
ou à sole. Ces tuyaux, qu'on a conseillés comme étant
d'une fixation plus simple, ont été abandonnés. Maintenant l'on se sert de tubes cylindriques à section
égale ; leur pose et leur fabrication sont plus économiques.

La jonction des tuyaux s'opère en les assujettissant
bout à bout les uns à la suite des autres, au fond des
rigoles bien unies. Lorsque des inégalités de tasse-
ment sont à craindre, on rend les tubes solidaires en

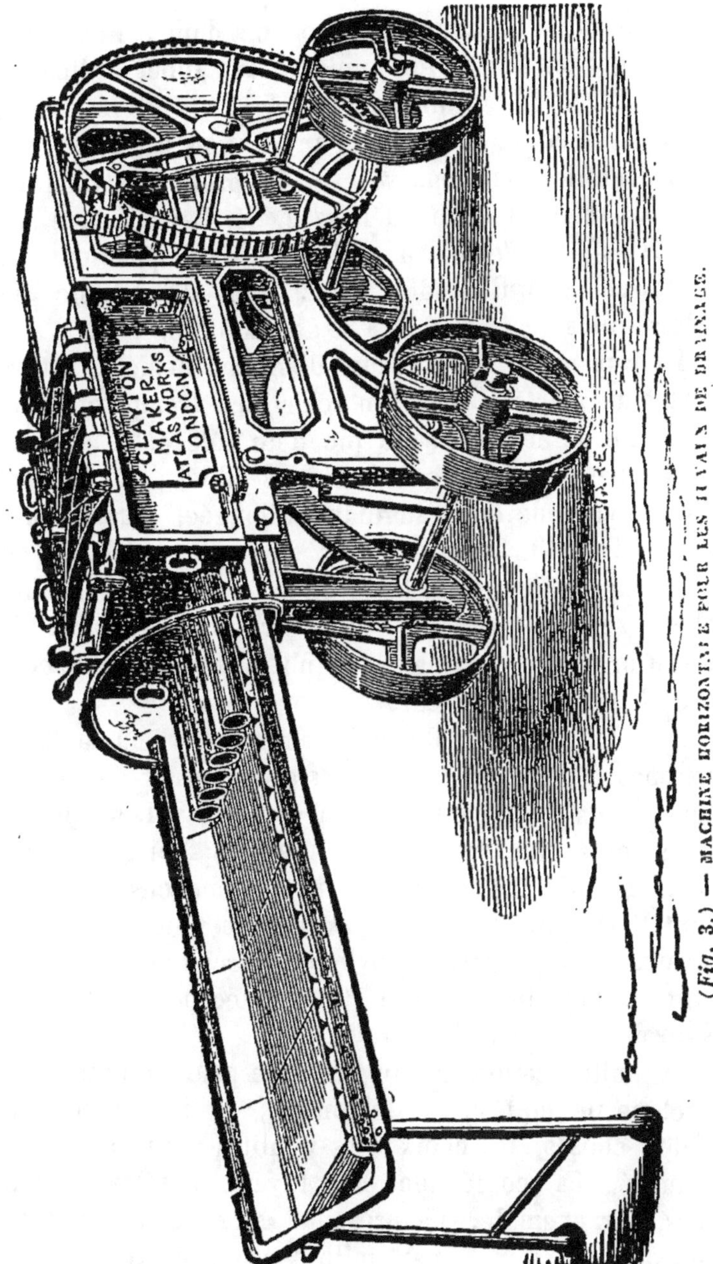

(*Fig. 3.*) — MACHINE HORIZONTALE POUR LES TUYAUX DE DRAINAGE.

les ajustant d'un court manchon ou d'un collier, gros tuyau qui embrasse les jointures des tubes ordinaires et les raccorde parfaitement. Quelquefois ces manchons sont persillés de trous; cette précaution est non-seulement inutile, mais encore elle se prête aux obstruction de terre et a été délaissée. M. Payen, dans son *Précis d'agriculture*, a indiqué la disposition des joints en S, qui produit avec plus d'économie les effets utiles des manchons et des colliers.

Pour préparer les tuyaux d'embranchement, on se sert d'un marteau léger en acier bien trempé et ayant la forme d'une tournée à pic d'un côté et à hachette de l'autre. Le pic, qui doit ressembler au sommet d'une pyramide quadrangulaire allongée, sert à pratiquer de petits trous au point du tuyau collecteur où viennent s'embrancher les drains de jonction. La hachette sert à terminer l'ouverture et à préparer le tuyau ordinaire, de manière qu'il s'adapte exactement avec le tuyau collecteur.

Dans les bonnes fabriques, au moment où la terre est encore *verte*, on éventre les gros tuyaux d'embranchement en pratiquant avec un couteau, vers le milieu à peu près, une ouverture ovoïde. On fabrique également dans le même but des tuyaux moyens et petits, dont l'extrémité est coupée en bec de flûte. Ces divers tuyaux ainsi préparés conviennent très-bien à l'application à laquelle on les destine, et économisent beaucoup de temps sur le terrain.

La multiplication des tuyaux que peut produire une machine ne doit pas illusionner, et ici comme en toutes choses, le choix des qualités doit primer la quantité. La confection des tuyaux surélevée d'un tiers, par exemple, ne présente guère qu'une réduction de deux francs par mille; économie trompeuse,

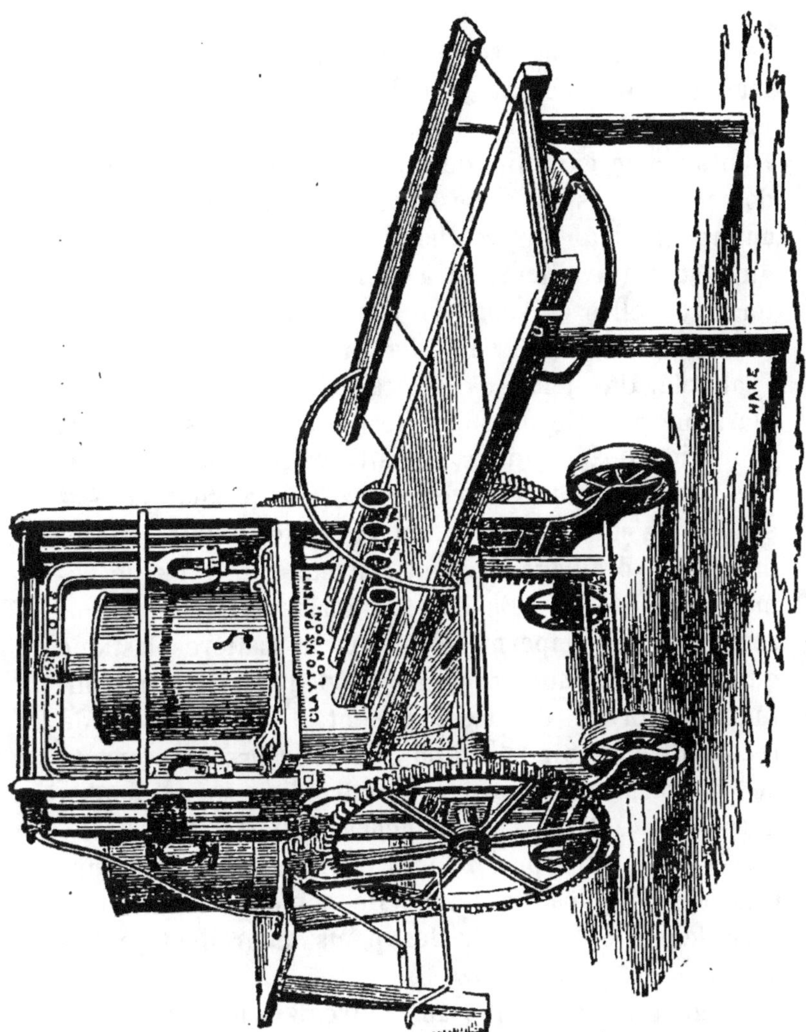

(*Fig 4.*) — MACHINE VERTICALE ET HORIZONTALE POUR LES TUYAUX DE DRAINAGE.

car les tuyaux mal construits ou composés de terre mal choisie, ou mal cuits, occasionnent de très-grandes difficultés au posage et en même temps n'offrent aucune garantie de durée. De plus, ces poteries doivent être assez fortes pour résister au charroi et au transport à travers champs, au maniement énergique des travailleurs et à l'influence de l'eau et des terres où elles doivent être abandonnées.

Le choix des matériaux demande donc du soin et de l'habileté. Un mélange de calcaire, de sable et d'argile plastique capable de subir les préparations qu'exige la fabrication des tuiles, paraît être la composition la plus convenable. On trouve presque partout cet ensemble de matériaux, et, au reste, les terres qui ont besoin du drainage portent souvent avec elles le remède à leur mal. En effet, la glaise et la marne qui rendent le sol imperméable sont la matière plastique qui, manipulée aux machines, devient en quelques minutes le tuyau de dessèchement. C'est là le cas de reconnaître avec admiration les concours surprenants de circonstances qui ont fait dire aux peuples d'Orient : « Bénis la Providence, homme infortuné ! Elle a creusé les profondeurs terribles du torrent infranchissable ; mais à côté, elle a placé le pin altier avec lequel on construit les ponts qui relient les rivages. »

En général, ces matériaux doivent former des pâtes malléables, se desséchant vite, aptes à prendre de la consistance aux ardeurs du four sans y perdre la forme qui leur a été imprimée ; à produire, en résultat, une terre cuite qui soit moins poreuse, plus imperméable et d'un grain plus fin que la brique ordinaire.

Les terres dont la pâte est aigre et courte ne supportent pas la manipulation, encore moins l'action de

(Fig. 5.) — MOULIN A PÉTRIR, A LAMES ARCHIMÉDIENNES.

la machine; on en modifie l'inconsistance et **on en**
accroît la ductilité en la mariant à des marnes alumi-
neuses ou à des argiles grasses. Celles dont la pâte est
plastique et tenace résorbent l'eau difficilement et se
déforment ou se crevassent en se séchant; on les cor-
rige en les mélangeant de matières grenues, de scories,
de sable fin et d'argiles maigres. Ces immixtions doivent être faites avec soin et réparties dans la pâte avec
une parfaite homogénéité, afin que les divers éléments
réagissent et se combinent à la cuisson: sans quoi il
peut arriver que des portions de carbonate de chaux
mal divisées dans la pâte se transforment, en cuisant,
en chaux caustique, se délitent au contact de l'eau et
préparent ainsi une prochaine décomposition des tubes.

Pour obvier à cet inconvénient, et pour que l'homogénéité soit parfaite, on soumet les tuyaux à une cuisson élevée et constante pour la création de laquelle
des fours spéciaux en briques ont été construits, les
uns, très-dispendieux à établir et à alimenter, par
M. Clayton, en Angleterre, et par M. Vincent, à Lagny,
en France; les autres, mieux aménagés et plus économiques dans leur alimentation de combustible et dans
leur établissement, par M. Law Hodgs et autres. Sous
l'influence de cette haute température, les combinaisons
chimiques, préparées par le malaxage et le corroyage
des matériaux primitifs, produisent de l'acide silicique
dont les bases diverses, procurant à la pâte le degré de
fusibilité nécessaire et la combinaison immédiate des
principes constituants, donnent aux tuyaux de drainage
les qualités que l'on réclame d'eux.

Les tuyaux de petit calibre, plus faciles à construire,
peuvent être apportés directement au séchoir et se
déforment rarement; les gros tuyaux, au contraire, si
on n'en prévient la construction en prenant la pré-

caution de donner une consistance spéciale à la pâte qui les compose, ont besoin, avant de passer au séchoir, d'être façonnés et roulés au cylindre.

Les tuyaux destinés à servir de colliers réclament une manipulation spéciale : on les roule, à demi séchés, sur une planche munie de trois ou quatre lames d'acier et formant une saillie égale aux trois quarts de l'épaisseur des tuyaux, et séparées d'une longueur calculée sur celle que l'on veut donner aux colliers ; la séparation, commencée par l'évolution sur les lames d'acier, s'opère au complet en coupant à sec quand les colliers sont cuits.

M. le marquis de Bryas, un de ces hommes qui se font les apôtres et les prêtres des idées utiles et grandes, et qui dévouent leur fortune, leur temps et leur vie, à les vulgariser, M. de Bryas a entrepris de nombreux voyages dans le but d'étudier le drainage, et il a reconnu que la mauvaise qualité des tuyaux compromet souvent les opérations. Dans les observations qu'il a adressées à ce sujet à l'Académie des sciences, il appelle l'attention sur la défaveur qu'une construction négligée peut jeter sur un procédé qui rend déjà d'éminents services à l'économie rurale, et il manifeste cette opinion : « que le gouvernement, qui s'est montré très-disposé à encourager l'établissement de fabriques pour les tuyaux de drainage, devrait, avant d'accorder son appui aux établissements qui le réclament, s'assurer que la terre que l'on se propose d'employer pour les drains est d'une bonne qualité, que les directeurs de l'usine ont les connaissances nécessaires et qu'ils donnent aux produits le degré de cuisson voulu. »

Vers 1851, on a imaginé en Angleterre l'emploi de tubes qui, étirés en gutta-percha, se prêtent par leur souplesse aux mouvements des terrains, et offrent, en outre, l'avantage d'une réparation facile, puisqu'ils n'exigent pour cela qu'une simple soudure avec des plaques de la même matière appliquées à l'eau bouillante. Cette innovation a eu du succès, mais ne paraît pas avoir pris une grande extension.

On s'est aussi servi, soit pour amener les eaux dans les rigoles d'irrigation et dans les divers réservoirs ou distributeurs des fermes, soit pour diriger les eaux vers les fossés d'écoulement, de tubes en plomb; mais l'usage en a été délaissé à cause des inconvénients qu'ils présentent, dont le moindre est de vicier la salubrité des eaux et de s'écarteler de déchirures à la suite des contractions et dilatations que le métal subit alternativement.

IV

FRAIS GÉNÉRAUX.

Il nous reste maintenant à examiner la question qui entre en première ligne dans les considérations qui déterminent les opérations industrielles :

« Le prix du drainage complet, chez M. Claes, de Lembeck, près de Bruxelles, est revenu à 168 fr. par hectare d'une terre argilo-siliceuse homogène, suivant le détail ci-dessous, des frais pour trois hectares :

» 3,119 mètres de fossés (drains) profonds de $1^m,25$, larges de 40 cent. en haut et 7 cent. au fond (à 7 fr. les 100 mètres). 218 33

» 7,800 tubes de 30 millim. de diamètre intérieur et 35 cent. de longueur (à 20 fr. les 1,000 tubes, pesant 950 kil.) . . . . 156 »

A reporter. 374 33

Report. 374 33

» 1,700 de 68 millim. de diamètre intérieur et 33 cent. de longueur (à 25 fr. les 1,000 tubes, pesant 1,300 kil.) 42 50

» 500 tubes de 80 millim. de diamètre intérieur, de 33 cent. de longueur (à 25 fr. les 1,000 tubes, pesant 3,000 kil.). 17 50

» Frais de transport, remblais, etc. . . . 72 »

» Dépense totale pour établir le drainage de trois hectares. 506 33

En France, dans plusieurs localités, le drainage a produit les mêmes résultats qu'en Angleterre et en Belgique. Dans des conditions défavorables qui ont exigé l'emploi de larges tuyaux disposés transversalement pour recueillir les eaux rassemblées par les petits tubes, le prix coûtant a varié de 200 à 250 fr. par hectare, laissant cependant un intérêt annuel très-élevé ou un bénéfice à partager entre le propriétaire et le fermier.

D'après des expériences de drainage récemment exécutées en France, le prix de revient de ce nouveau système d'amendement est encore selon le chiffre que nous venons de fixer plus haut, de 200 à 250 fr. par hectare; mais ce chiffre varie de 200 à 1,000 fr., selon les difficultés exceptionnelles du terrain.

« M. de Bryas, frappé des merveilleux résultats que produisait le drainage en Angleterre, dit quelque part M. Borie, entreprit en 1853 d'assainir une propriété de 284 hectares en jardins maraîchers, serres, vignes et bois qu'il possède à 8 kilomètres de Bordeaux. Les sous-sols sont calcaires, marneux, argileux ou sablonneux. Ses terres, dans certaines parties, étaient tellement marécageuses, que la charrue n'y pouvait entrer qu'en juillet. Dans la première campagne, M. de Bryas a fait draîner 65 hectares. Aujourd'hui, les travaux sont à peu près terminés, et on a pu juger des effets merveilleux de cette méthode d'assainissement. Ainsi, des terrains plantés en vigne, où l'eau surgissait de tous côtés, et où l'on ne pouvait donner les façons qu'après une longue sécheresse, se sont trouvés, huit jours après la pose des tuyaux, complétement purgés de cette humidité surabondante, et se sont couverts d'une végétation magnifique. Les terres fortes et compactes qui formaient une boue grasse pendant les pluies, pour se crevasser profondément aux rayons d'un soleil ardent, sont devenues poreuses et friables. La nature du terrain, les conditions de sa culture se sont transformées comme par enchantement, et l'intelligent propriétaire a rapidement retrouvé les avances, relativement insignifiantes, qu'il avait faites. Placé, il est vrai, dans une situation avantageuse et un peu exceptionnelle pour exécuter des travaux de drainage, à cause du bas prix de la main-d'œuvre (1 fr. 25 c. et 1 fr. 50 c. par jour) et de la proximité d'une importante fabrique de tuyaux, M. de Bryas a drainé un peu plus de 50 hectares pour 5,200 fr., ce qui mettrait l'hectare à cent et quelques francs. Heureuse spéculation pour M. de Bryas, car les terres qu'il affermait 60 fr. l'hectare avant le drainage ont été acceptées, par les mêmes fermiers, après le drainage, pour 150 et 170 fr.

» Dans une autre partie de la France, aux environs de Paris, M. le vicomte de Rougé a obtenu, par le drainage, des résultats non moins surprenants. M. de Rougé, dévoué comme M. de Bryas aux progrès de l'agriculture, a exposé une collection d'instruments de drainage, qu'il a perfectionnés en suivant les enseignements de l'expérience, fécondés par une intelligence parfaite de la mécanique agricole. »

Voici, au reste, les chiffres fournis par la commission chargée d'examiner les travaux de drainage exécutés par M. Ch. de Bryas sur son domaine du Taillan :

« Votre commission, en présence de ces magnifiques résultats, n'a point oublié cependant une question es-sentielle, celle du prix de revient des travaux de drai-nage ; M. de Bryas a bien voulu lui communiquer des livres tenus avec le plus grand soin ; or il résulte de ces livres que les dépenses faites par M. de Bryas, jusqu'au 31 décembre 1854, pour drainer soixante-cinq hectares, moins quelques parties qui n'ont pas encore reçu de drains parce qu'il n'y a pas urgence, ont coûté 2,740 fr. de main-d'œuvre et 2,460 fr. de ma-tériaux, soit en totalité 5,200 fr. Sans doute la main-d'œuvre, payée par M. de Bryas à raison de 1 fr. 25 c. à 1 fr. 50 par journée, coûte beaucoup plus dans quel-ques parties de notre département ; sans doute aussi la propriété de M. de Bryas se trouvant très-rappro-chée d'une fabrique de drains, M. de Bryas a pu se procurer des drains à des prix un peu moins considé-rables que ceux qui auraient été payés par un proprié-taire plus éloigné. Toutefois nous pensons que le chiffre de 280 à 300 fr. de frais par hectare, qui a été posé dans plusieurs publications, est un chiffre exagéré. Tout nous porte à penser que, dans la plupart des cas, les frais de drainage n'iraient pas au delà de 100 à 150 fr. par hectare.

» Malgré ce chiffre considérable, il est plus que pro-bable que la dépense est largement couverte par l'aug-mentation du revenu. »

Nous emprunterons à M. Adam, de Boulogne, un tableau qui permet de se rendre compte des avantages que peuvent retirer les propriétaires et les fermiers d'une large application du drainage à frais communs. Nous laisserons parler M. Adam lui-même : ·

« Le propriétaire fournit les tuyaux et un ouvrier; le locataire se charge du transport depuis la fabrique et fournit deux ouvriers. J'ai cru devoir me réserver un ouvrier de mon choix pour avoir une garantie de travail. Dans le cas d'un arrangement entre le propriétaire et le fermier, pour mettre tout à la charge du premier, moyennant un accroissement de loyer, et si l'on calcule l'amortissement compris, sur le pied de 6 1/2 0/0 de la dépense suivant le système anglais, l'accroissement de rente devrait être d'environ 4 fr. par 40 ares, somme très-minime en raison des avantages qui résultent du drainage pour le locataire. Quant au propriétaire, sa position est également améliorée. Voici un tableau représentant le résultat d'une dépense de 1,000 fr., opération de drainage :

Table d'intérêt composé pour l'amortissement d'une dépense de 1,000 fr. de capital, la dotation annuelle étant de 1/2 0/0 du capital employé, intérêt à 5 0/0.

ANS.	PRODUIT SUCCESSIF PAR ANNÉE.		ANS.	PRODUIT SUCCESSIF PAR ANNÉE.	
	fr.	fr.		fr.	fr.
1	15	»	17	387	604
2	30	750	18	421	984
3	47	287	19	458	085
4	64	651	20	495	988
5	82	884	21	535	788
6	102	028	22	577	578
7	122	130	23	621	456
8	143	230	24	667	328
9	165	397	25	715	905
10	188	667	26	766	701
11	213	100	27	820	036
12	238	751	28	876	037
13	265	693	29	934	840
14	293	974	30	996	582
15	323	677	31	1,061	410
16	354	861			

. On peut remarquer qu'au bout de trente ans, le propriétaire aurait reçu 5 0/0 d'intérêts du capital employé, et serait rentré dans ses déboursés, ou pour mieux dire aurait augmenté son revenu de 65 fr. C'est un placement qui doit encourager.

« On voit, dit M. Borie, dans la *Presse*, que cette question du drainage est déjà très-avancée. Le génie industriel des deux nations a paré à tous les inconvénients, et, si on fait un choix réfléchi et intelligent entre toutes les machines inventées, entre toutes les méthodes indiquées, on peut arriver à drainer des quantités considérables de terre en dépensant une somme relativement très-inférieure au bénéfice qu'on en retire. Il suffit de jeter un coup d'œil sur quelques chiffres affirmés par des agriculteurs anglais très-honorables, et constatés par leurs livres de comptes, pour juger de l'importance de cette belle innovation. Prenons pour unité de comparaison l'hectare : un hectare de sol très-humide, drainé, en 1845, chez M. Maccow, coûtant 335 francs, rapporte, rente annuelle, 112 fr. 30 cent., au lieu de 62 fr. 34 cent. Dans un sol profond d'alluvion et de marais ayant nécessité un canal de décharge très-coûteux, l'hectare de drainage revenant à 627 fr., rapporte 124 fr. 78 cent. de rente annuelle, au lieu de 46 fr. 73 cent.; enfin, un sol formé de landes et marécages, ayant coûté 502 fr. 28 cent. à l'hectare, a rapporté 43 fr. 66 cent. de rente annuelle, au lieu de 7 fr. 79 cent. Les résultats hygiéniques observés en Angleterre, où le drainage a déjà pris un grand développement, sont encore plus merveilleux que les résultats financiers. Dans certaines contrées, où la fièvre réduisait considérablement la durée moyenne de la vie, le fléau de nos campagnes a complétement disparu. M. Pearson, du district de

Woolton, cite des chiffres trop significatifs pour que nous négligions de les faire connaître. Les cas de fièvre et de dyssenterie, qui étaient au nombre de 30 en août 1847, étaient réduits à 2 au bout d'une année de drainage, en août 1848 ; en septembre, on avait 7, au lieu de 17 l'année précédente ; en octobre, 4 au lieu de 9 ; en novembre, 3 au lieu de 9 ; enfin, en décembre, 0 au lieu de 12 qui avaient été constatés l'année précédente. »

QUATRIÈME PARTIE.

DRAINAGE A PERFORATION ET APPLICATIONS DIVERSES DU DRAINAGE.

1

DRAINAGE VERTICAL OU PAR PERFORATION.

Nous empruntons à M. Victor Borie quelques détails relatifs à un système de drainage que l'on a mal à propos placé en rivalité du drainage au moyen de tubes souterrains, et qui, mis simplement en concours avec lui, peut, en bien des circonstances et plus économiquement, remplacer ses avantages et le suppléer.

« On a imaginé, en Hollande, le drainage vertical ou perforation. Il consiste à percer avec des sondes des trous verticaux dans la couche arable et le sous-sol ; on introduit dans ces trous, à une certaine profondeur, un petit pieu en bois et on recouvre le tout de terre. Ce drainage est, dit-on, moins coûteux que l'autre ; mais cette méthode, qui n'est autre chose que l'emploi des puits absorbants, connus et pratiqués de tout temps, peut-elle remplacer le drainage par tuyaux ? Nous ne le croyons pas. Il n'est pas prouvé qu'il revienne à meilleur marché; il n'est pas prouvé qu'il puisse aussi facilement et aussi complétement favoriser l'écoulement des eaux; mais ce qui est surabondamment démontré, c'est qu'il ne peut pas remplacer la fonction importante des tuyaux communiquant entre eux dans les tranchées souterraines, entretenant au-dessous de la couche arable et au travers de cette couche un courant d'air perpétuel, et apportant ainsi à la terre un nouvel élément de fécondation; ce qui a fait dire à un cultivateur distingué cette parole mémorable, qui contient tout l'avenir du drainage :

« Le drainage est un labour souterrain. »

Les paroles de M. Borie résument les défiances qui ont accueilli le drainage vertical ou par perforation. Néanmoins, ce procédé méconnu est chaque jour réhabilité par l'expérimentation et par la science. Pour le faire mieux apprécier, nous renvoyons le lecteur au beau travail qu'il a inspiré à M. Nérée Boubée, travail paru dans la *Réforme agricole* et en même temps dans le *Cours de Géologie agricole* du même auteur.

II

THÉORIE DU DRAINAGE PAR PERFORATION.

M. le comte de Gasparin a résumé en quelques lignes l'opération du drainage vertical et ses avantages. Nous allons les citer.

« Le drainage par perforation est :

» 1° Moins coûteux;

» 2° Plus aisé à effectuer;

» 3° Plus efficace;

» 4° Appliqué à certains terrains, il répond mieux au but qu'on se propose.

» Il sera adopté plus aisément par le plus grand nombre des cultivateurs, comme pouvant se faire sans débours extraordinaires et sans l'aide des gens de l'art.

» Les terres qui conservent trop d'humidité reposent sur des couches intermédiaires, trop compactes pour laisser passer l'eau. En perforant ces couches, on donne aux eaux une issue. La couche végétale acquiert, dès lors, aux premiers beaux jours de printemps, et rapidement, le degré de malléabilité exigé pour les travaux.

» Que l'eau s'échappe par les perforations, c'est un fait acquis par l'expérience.

» Ce drainage peut être effectué là où celui établi au moyen des tuyaux serait difficile ou impossible, ce qui a lieu chaque fois que le niveau des terres est trop peu élevé au-dessus des eaux.

» Ces terres, lorsqu'elles reposent sur des couches trop compactes, peuvent, après une longue sécheresse, recevoir, après quelques jours de pluie, et même par suite d'une forte ondée d'orage, une telle surabondance d'eau que la plus belle végétation en serait compromise.

» Dans ce cas, le drainage par *perforation* peut seul donner issue à ces eaux avec assez de rapidité pour que la récolte ne soit pas compromise.

» Appliqué à des terrains élevés, ce drainage offre un écoulement rapide.......................

» La voie présentée à l'écoulement des eaux par les perforations ne s'obstrue, ne se dérange jamais.

» Durant les longues sécheresses, la chaleur tend à faire monter l'humidité le long des perforations. C'est un fait bien constaté qu'elle humecte et vivifie une superficie de 2 décimètres autour de chaque perforation.

» La perforation ramène à la surface une certaine

quantité de terre, qui, répandue sur le sol, l'*améliore* dans bien des cas.

» Dans le système ordinaire, les tuyaux sont sujets à être *obstrués* ou *dérangés*, ce qui nécessite de nouveaux travaux fort dispendieux. Le drainage par perforement ne présente aucun de ces inconvénients.

» On se passe de nivellement et du secours des gens de l'art. Le premier ouvrier venu exécute ce drainage.

» On peut l'appliquer à un champ sans *le bouleverser*, et là où il sera le plus utile. On peut commencer ce drainage, l'interrompre, le reprendre, sans le moindre inconvénient; quel que soit le nombre de perforations faites, elles produisent leur plein effet. La culture n'est jamais suspendue.

» On donnait au commencement, pour cent perforations, 2 fr. Aujourd'hui, que les ouvriers en ont l'habitude, on les obtient pour 1 fr. ou 1 fr. 50 c. — Cent pièces de bois à 2 c., 2 fr. — Deux vrilles, l'une de 1 mètre, l'autre de 1 mètre 50 centimètres, se paient 10 fr. — Ces vrilles sont faites sur le modèle de celles dont on se sert pour perforer les corps de pompes en bois.

» La perforation par hectare, à six mille trous, reviendra donc à 180 fr. environ, en supposant qu'on achète les pieux et qu'on prenne des ouvriers spéciaux. Mais qui ne voit que le plus grand nombre de propriétaires prendront les pieux dans leur propriété, et qu'ils feront exécuter le travail par leurs valets de ferme dans les moments où ils ne savent à quoi les employer?

» Autant il sera difficile à un petit propriétaire d'établir le drainage par tuyaux, autant les perforations lui seront faciles. Il n'a pas à s'occuper de creuser un canal ou un fossé de décharge; il n'a pas de mise de fonds à faire; il n'a pas à s'occuper de la question de nivellements; son drainage peut se faire partout à la même profondeur, sans qu'il soit gêné par les ondulations du terrain. Il n'a aucune crainte des obstructions, des dérangements ou des cassures des tuyaux, et, enfin, il opère à peu de frais et à sa convenance. »

. . . .

Tel est le drainage par perforation, tel est le système qui, jusqu'ici, mis en guerre contre l'assainissement par canalisation souterraine, a soulevé tant de dédains et de colères inutiles, et qui tout simplement, mis en concours avec lui, le complète et le supplée dans les cas où la pose des tubes ou des drains est impossible ou inutile.

III

APPLICATIONS DIVERSES DU DRAINAGE.

Les procédés de drainage ont inspiré de multiples applications parmi lesquelles nous citerons : le desséchement des chemins, la fixation des talus, des tranchées sur les routes et les chemins de fer, la création des sources d'eau pure, puis l'alimentation des villes, l'aération des céréales et des fourrages dans les greniers, et l'assainissement des habitations; mais ces applications, étant étrangères à l'agriculture, demandent, pour qu'on les traite utilement, d'être commentées dans des ouvrages afférents à leur caractère. Il nous suffit donc qu'elles soient mentionnées.

CONCLUSION.

I

AUTEURS QUI ONT ÉCRIT SUR LE DRAINAGE.

Notre travail, sévèrement restreint aux limites d'une étude rapide, nous a contraint de négliger bien des détails intéressants et spécialement relatifs à un sujet qui nous est cher.

Nous renvoyons le lecteur qui voudrait compléter ces pages succinctes, aux ouvrages que le drainage a inspirés, et qui ont été signés par MM. Magne, Pommier, Payen, Richard, Barral, Mangon, Vitard, Gorges, Nérée-Boubée, Moreau, Leclerc, Midy, Jourdier, Liron d'Airolles, Stéphens d'Angleville, Puvis et autres. Un journal a même été mis au service de cette question; il est intitulé le *Draineur*, et est dirigé avec autant d'habileté que de science par M. Ed. Vianne.

II

POURQUOI LE DRAINAGE N'A PRIS SON DÉVELOPPEMENT QU'A L'ÉPOQUE ACTUELLE.

Qu'il nous soit permis, en terminant, de manifester une réflexion bien naturelle.

Pendant le cours des siècles qui nous ont précédés, la science agricole s'est constamment préoccupée du desséchement du sol arable, mais n'a jamais dépassé les tranchées en plein air, ou le drain rempli, dans le fond, de gravier, de fascines, et recouvert de terre dans la partie supérieure. Quant à la pratique, la construction des conduites souterraines s'est réduite à écouler quelque mare putride, ou à perfectionner les produits des cloîtres gourmands. Ces ouvrages, opérés a grands frais, n'ont obtenu que des résultats éphémères; et le drainage, oblitéré ici, perdu là, et quelquefois transmis avec mystère comme un secret coupable, s'est perpétué dans une interminable enfance.

C'est que l'agriculture, comme l'industrie, comme le commerce, comme les arts, demande, pour s'épanouir, l'air vivifiant de l'union et de la sécurité; c'est que l'agriculture a besoin d'expérimentation, et que l'expérimentation coûte un temps et une richesse qu'on lui a toujours volés et gaspillés; c'est que le colon romain, le serf du moyen âge, le paysan, toujours exploités, avilis, pauvres et ne recueillant qu'à grandes sueurs une moisson précaire, n'ont pu être novateurs; c'est que les campagnes, dépeuplées par la politique romaine, piétinées sans pitié par les cavaliers bardés de fer du moyen âge, harcelées sans trève par une fiscalité absorbante, pressurées tantôt par un terrorisme sanglant, tantôt par un égoïsme efféminé, tantôt par un despotisme fastueux, ont toujours subi les calamités, la guerre, la rapine, l'extermination, ont traversé des siècles de carnage, de misère, de disette, de boue et de désolation, et n'ont vu se succéder que comme d'insuffisants bienfaits et la fondation des colonies agricoles qui grandissaient autour des chefs de guerre francs, et la création des monastères bénédictins aux vi^e, viie et viiie siècles, et la division des propriétés, et l'écrasement du régime féodal, et la suppression de la dîme, et la protection des Charlemagne, des Louis IX, des Charles VII et des Henri IV; c'est que l'éducation, mal

comprise, n'a jamais été mise à la portée du cultivateur; c'est que la poésie puérile n'a chanté que les
ondes, les fleurs, les moissons et les ombrages, et
qu'oublieuse de son ministère sacré, elle n'a voulu
sonder ni les lois éternelles selon lesquelles la nature
produit, ni les mystères innombrables qui assom-
brissent l'esprit de l'homme; c'est que les arts, au
lieu de s'attaquer aux mythologies, d'en scruter les
secrets et l'origine, n'ont poursuivi qu'un but futile,
n'ont cherché qu'à plaire et à impressionner, et ont
enfoui sous des formes palpables les éblouissantes idéa-
lités, enterré dans un corps solide les abstractions de
l'âme, avili les songes spirituels et les aspirations mys-
tiques dans les inanités des fictions; c'est que les arts,
au lieu de se ranger virilement au service de la vérité et de la science, qui n'est rien autre que Dieu dé-
voilé, ont pétri l'intelligence humaine de mensonges,
d'ignorance et de songes creux; c'est que, inspiré par
des calculs perfides, on a toujours rivé l'homme dans
la routine et dans le préjugé, qu'on a gauchi son
cœur, vicié ses instincts, rabaissé ses aspirations,
qu'on lui a caché son rôle, qu'on l'a détourné du but
final humain, et que (comme science, philosophie, reli-
gion, art, industrie, agriculture, tout se lie et s'en-
chaîne) tant que l'homme a jeté ses forces vives au
vent des guerres, des luttes et de la haine, la civilisation s'est tue, la science est demeurée obscure, et la
nature, irritée d'épuiser ses trésors pour alimenter le
carnage, a attendu, pour rendre ses entrailles fécondes,
que les hommes comprissent la fraternité et le travail,
et que par leur concours sacré d'amour et de labeur
ils pussent mériter les bienfaits du Dieu créateur et
de la terre nourricière.

III

LE DRAINAGE DANS L'AVENIR.

Que la leçon du passé enseigne l'avenir!

Aujourd'hui l'âme humaine s'est enfin éveillée; l'impulsion philosophique pousse l'industrie, la science et les arts dans une même voie, qui est la civilisation; et l'agriculture, désertant l'empirisme, appuyée sur la science d'un côté; sur la paix de l'autre, prend enfin sa place au premier rang et arbore le drapeau de la régénération universelle.

Marchons dans cette voie! Richesse, dignité, union, diffusion du bien-être physique et moral, expansion indéfinie de l'âme humaine : voilà les conquêtes où nous serons entraînés, conquêtes qui, dans leur sillage glorieux, ne laissent aucun remords.

Le drainage est une foi nouvelle; il a dompté les répulsions de nos campagnes pour les novations et pour le progrès; il a banni pour jamais le spectre hideux de la famine; il disperse et dissipe les pestes et les *mal'aria*; il ramène aux champs les ouvriers intelligents qui pressent vainement les mamelles stériles de nos cités; il est le génie agricole s'implantant dans le sol pour le refaire, le renouveler et lui créer une immortelle fécondité. A lui donc l'avenir!

MAURICE GERMA.

TABLE DES MATIÈRES.

LIMINAIRE.

INFLUENCE DE L'EAU EN AGRICULTURE.

PREMIÈRE PARTIE.

LE DRAINAGE.

DEUXIÈME PARTIE.

HISTORIQUE DU DRAINAGE.

TROISIÈME PARTIE.

MACHINES POUR LA CONSTRUCTION DES TUYAUX DE DRAINAGE.

QUATRIÈME PARTIE.

DRAINAGE A TROUS ET APPLICATIONS DIVERSES DU DRAINAGE.

CONCLUSION.

FIN.

www.ingramcontent.com/pod-product-compliance
Lightning Source LLC
Chambersburg PA
CBHW061351060726
47597CB00003B/827